CITOLOGIA E HISTOLOGIA
2° Edição

Obra pedagógica para ensino médio, técnico, tecnólogo, licenciado e bacharel. Com questões de vestibulares, de concursos, e de ENEMs, todas comentadas.

Todas as questões são de acesso público, não sendo atribuído ao autor sua posse. Ainda assim, quanto aos comentários, estes são de autoria do autor, e o mesmo autoriza suas citações desde que estejam acompanhadas das devidas referências, como nome da obra e nome do autor (M.PORFÍRIO).

O que há de novo nesta edição?
- Glossário abrangente.
- Referências ampliadas e atualizadas.
- Novos tópicos histológicos (ovário e testículo).
- Design exclusivo da edição.
- Correções gramaticais.
- Formatação em coluna dupla com páginas emolduradas (estes presentes apenas na versão física da obra).

por Murilo PORFÍRIO

Copyright © 2021. Todos os Direitos Reservados.

ÍNDICE

1.1 Citologia – A descoberta das células...3
1.2 A célula e suas organelas..4
      Mitocôndria..6
      Lisossomo e Peroxissomo..7
      Ribossomo..8
      Retículo Endoplasmático (liso e rugoso)...10
      Núcleo (carioteca, cromatina e nucléolo)...11
      Complexo de Golgi..12
      Centríolo..14
1.3 Divisão celular (Mitose/Meiose)..15
1.4 Principais tipos celulares do organismo humano...18
      Células-tronco...19
      Células vermelhas...20
      Células brancas...21
      Células nervosas...22
      Células musculares...24
      Condrócitos..26
      Células ósseas...27
      Células da pele..28
      Células endoteliais...31
      Células de gordura...31
      Células sexuais...33
2.1 Histologia – Conceito e tipos de tecido...35
      Tecido epitelial...36
      Tecido nervoso...37
      Tecido muscular...38
      Tecido conjuntivo...39
2.2 Histologia dos órgãos..46
      Pulmão..46
      Rim...47
      Intestino delgado...48
      Intestino grosso..50
      Fígado..51
      Estômago..52
      Pâncreas..54
      Timo...55
      Baço...56
      Tireoide...57
      Testículo..58
      Ovário..60
3.1 Perguntas e respostas – Citologia..64
3.2 Perguntas e respostas – Histologia..103
4.1 Glossário..141

Capítulo 1 – Citologia

1.1 – A descoberta das células

A descoberta das células e o seu estudo foi proporcional ao desenvolvimento de equipamentos de microscopia. Na história da citologia, a maioria das literaturas colocam como pioneiro o cientista inglês Robert Hooke, que, usando equipamentos já existentes em sua época (1665), identificou estruturas pequenas e repetitivas que se estendiam ao longo de toda a casca vegetal. Ele deu para tais pequenas estruturas o nome de célula. Daí em diante, os trabalhos envolvendo microscopia de organismos, principalmente vegetais, ganharam amplitude.

Em 1674, Anton van Leeuwenhoek, um comerciante holandês de tecidos, hoje aclamado como cientista, observou, através de microscópios desenvolvidos por si mesmo, seres em amostras de água não percebíveis a olho nu. Muitas literaturas atribuem ao Leeuwenhoek o descobrimento dos seres vivos microscópicos, já que através de suas visualizações foi possível observar seus movimentos e comportamentos compatíveis a vida. Alguns assuntos também o atribuem como pioneiro, a observação de fibras musculares e do fluxo sanguíneo nos capilares são exemplos.

Aproximadamente um século e meio depois, em torno de 1838, Matthias Jakob Schleiden e Theodor Schwann fizeram a afirmação de que todo ser vivo é composto de células, podendo ser tanto uma única célula quanto trilhões. Matthias Jakob Schleiden foi um botânico alemão, e seus estudos celulares teve como foco os seres vegetais, diferente de Theodor Schwann, renomado fisiologista, também alemão, que teve foco no estudo celular dos animais. A junção do conhecimento de ambos possibilitou a concretização da teoria celular, que inclui tanto os vegetais quanto os animais.

Em 1855, Rudolf Virchow, médico também alemão, foi autor de diversos estudos sobre citologia, um no qual, na época, serviu de grande esclarecimento para a maioria dos cientistas, sanando a dúvida que perpetuava na época: De onde se originava as células? Virchow demonstrou que as células eram capazes de formar outras células, e uma única célula possuía potencial para gerar estruturas muito maiores, se multiplicando.

Daí em diante inúmeros cientistas surgiram, colaborando das mais diversas formas para o total entendimento da teoria celular, inclusive a da origem da vida, pois, por mais que a teoria celular afirme que toda célula provém de uma célula preexistente, de onde poderia ter surgido a primeira célula do primeiro ser vivo? A resposta predominante, porém ainda não constatada, é a da formação por meio de reações químicas envolvendo os mais diversos átomos que, de forma desordenada e aleatória, exposto aos mais diversos estados físicos, originou alguma estrutura passível de replicação.

1.2 – A célula e suas organelas

Aprendemos, ainda na escola, sobre as estruturas presentes dentro das células. Aprendemos que uma célula possui núcleo, que há mitocôndrias que produzem energia, estruturas que fazem a digestão da célula, entre outras coisas. Contudo, devemos ter consciência desde agora que o modelo aprendido na escola é o modelo pedagógico da célula, e uma célula pode ser completamente diferente da outra, podendo, em alguns casos, nem sequer possuir núcleo.

Todas as estruturas aprendidas existem, e estão presentes na maioria das células, mudando em proporções de uma para outra. O motivo para isto ser dito é para que tenhamos os olhos preparados para interpretarmos os mais variados tipos de células, sem o preceito que se deva corresponder ao modelo básico. Devemos nos abrir às diversidades apresentadas e, ainda assim, termos técnica para avaliar as estruturas presentes.

Capítulo 1 – Citologia

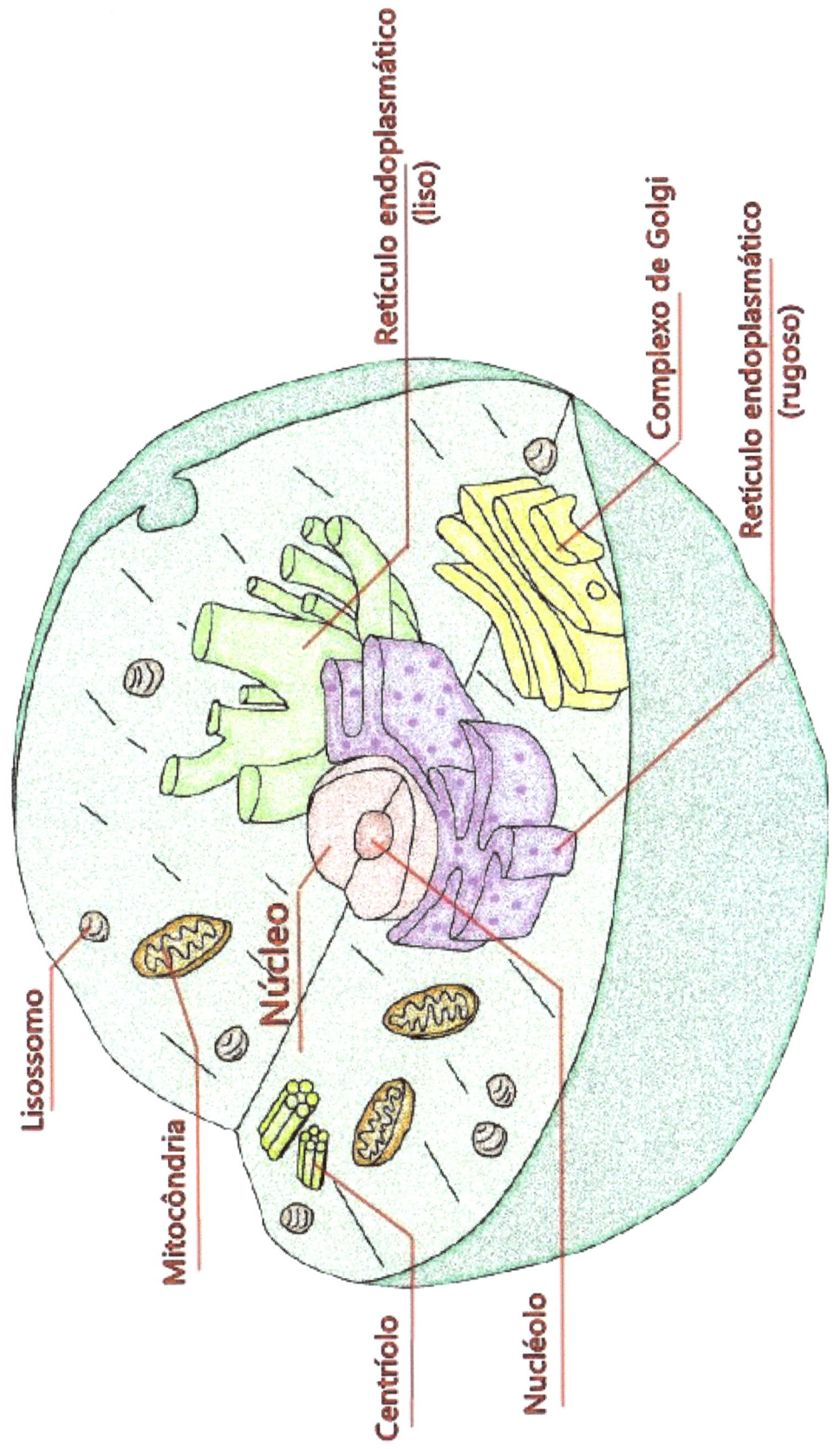

Mitocôndria

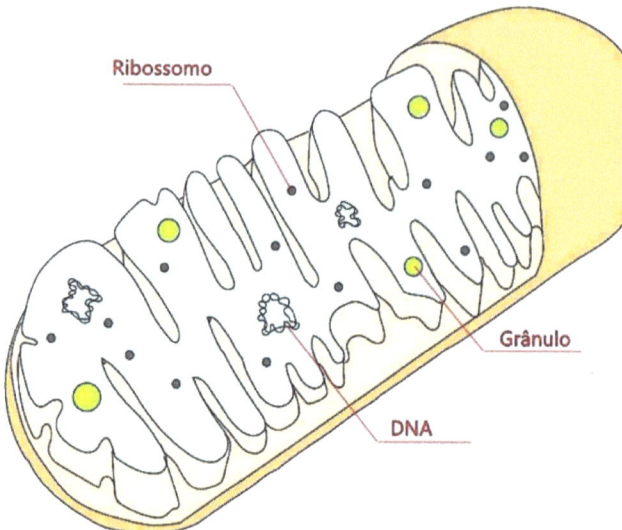

Mitocôndria vem do grego mitos (alongado) e chondrion (pequeno), fazendo alusão ao seu formato. Ainda assim, as mitocôndrias podem ser encontradas como esferas e como longos filamentos. O número de mitocôndrias em uma célula é proporcional ao uso de energia usada pela mesma, isto porque a mitocôndria está diretamente relacionada a produção de energia da célula, comumente chamada de respiração celular. Tal fato nos faz considera-la como uma organela fundamental à vida.

Algumas células podem chegar a possuir 300 mil mitocôndrias, como no caso dos ovócitos. Outras, no entanto, podem possuir apenas 30 mitocôndrias aproximadamente, como no caso dos espermatozoides. As mitocôndrias também estão presentes em células vegetais, embora em menor número.

A mitocôndria possui uma membrana externa, lisa, e uma membrana interna, com vilosidades, como mostrado na ilustração. Ambas são compostas por proteínas e lipídios, porém a membrana interna possui maior quantidade de proteínas, cerca de 80% de sua composição. Algumas proteínas da membrana interna da mitocôndria são especiais, exclusivas da composição da membrana, com funções importantes. Como exemplos podemos citar a proteína citocromo, a ATP sintase, a NADH desidrogenase, entre outras. Ainda sobre sua estrutura, pode ser observado em seu interior um fluido, que banha toda a parte interna após a membrana interna. Está emergido no fluido: material genético (DNA e RNA) e diversas enzimas que participam do metabolismo de carboidratos, ácidos graxos, e compostos aminados.

Um dos metabolismos mais importantes envolvendo a mitocôndria é o ciclo de Krebs, este sendo uma parte da respiração celular que envolve exclusivamente a mitocôndria, e tem como consequência a produção de ATP. Graças às energias liberadas pelas oxidações no ciclo de Krebs, parte participarão de outra etapa metabólica (fosforilação oxidativa), proporcionando o sucesso da respiração celular. Em outras palavras, de forma ainda mais resumida, a mitocôndria é uma organela envolvida na produção de energia, produção de substâncias essenciais para realização de trabalho de todas as células do corpo.

Lisossomo e Peroxissomo

Lisossomos são organelas relacionadas a degradação de partículas, por esse motivo inúmeras literaturas as citam como "organelas da digestão celular".

Mas considera-la como uma organela "digestiva" a limita, já que a mesma possui atuação importantíssima no combate de parasitas intracelulares. O mais próximo da realidade seria considera-la como uma organela arredondada, cheia de enzimas, capazes de destruir os mais variados tipos de moléculas.

A destruição de moléculas em partículas menores, por ação dos lisossomos, permite a célula reutilizar os fragmentos da degradação, tanto para realizar a mesma função quanto para funções novas, proporcionando um ciclo de reciclagem. Alguns estudos apontam mais de 80 enzimas presentes nos lisossomos. Tais enzimas são produzidas no retículo endoplasmático rugoso e enviadas para o complexo de Golgi, onde será formado vesículas imaturas cheias destas enzimas, para que posteriormente se tornem lisossomos.

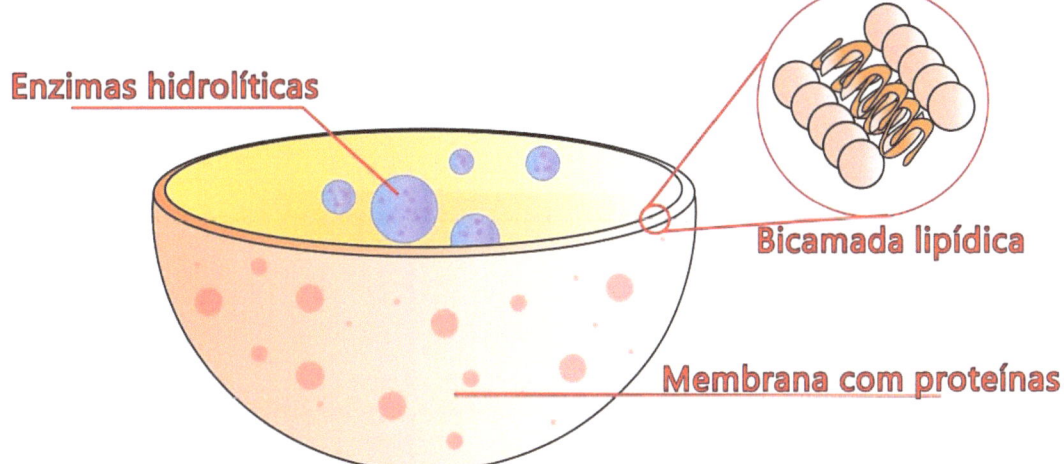

Capítulo 1 – Citologia

As enzimas dos lisossomos são capazes de degradar incontáveis substâncias, mas são impedidas de degradar as substâncias da própria célula graças a membrana que separa o citosol do lisossomo (que estão as enzimas) do citosol da célula. Porém em casos mais específicos, mesmo havendo um vazamento no qual as enzimas dos lisossomos consigam sair, elas perderiam drasticamente sua capacidade de degradação, por conta do pH da célula ser diferente do pH do interior dos lisossomos. O pH tem extrema influência na capacidade de degradação dos lisossomos.

Em 1955 os lisossomos foram oficialmente chamados de lisossomos e passaram a ser considerados como uma real organela celular. Tal feito é resultado de inúmeros estudos coordenados por Christian de Duve, bioquímico belga, que inclusive recebeu o Nobel de Fisiologia e Medicina. Algumas doenças são relacionadas a defeitos nos lisossomos, na maior causa das vezes por defeito em alguma das enzimas que não estão presentes, ou estão presentes mas alteradas estruturalmente. Tais doenças estão em um grupo chamado doenças de depósito lisossômico, todas hereditárias.

Com os avanços científicos, foi possível notar que algumas organelas, aparentemente lisossomos, eram capazes de digerir substâncias mais específicas. Esta diferença fez com que fosse reconhecido uma nova organela, os peroxissomos, que são como os lisossomos, porém com enzimas diferentes, dando-lhes capacidade de trabalhar com moléculas mais específicas.

Os peroxissomos podem ser chamados de glioxissomos quando em células vegetais, porém a maioria das literaturas não tratam os peroxissomos e glioxissomos como equivalentes. O nome peroxissomo faz referência a sua capacidade de síntese e decomposição de peróxido de hidrogênio. Mas sua maior função é a degradação de ácidos gordos de cadeia longa através da beta-oxidação.

Ribossomo

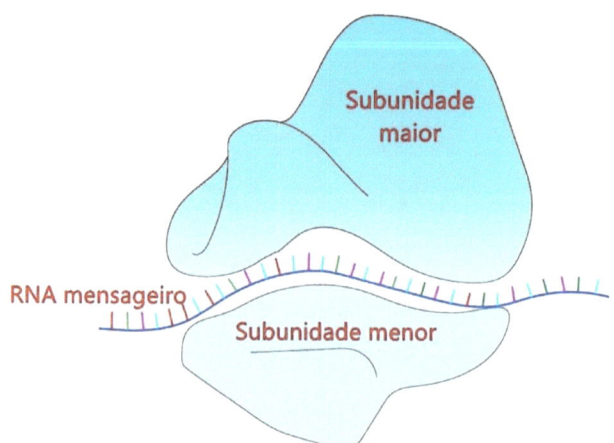

Capítulo 1 – Citologia

Os ribossomos são organelas formadas por proteínas e ácidos nucléicos, os quais possuem funções que possibilitam a síntese de proteínas. Estão em todos os citoplasmas, tanto de células eucariontes quanto procariontes. Nos eucariontes são também as estruturas visualizadas aderidas ao retículo endoplasmático rugoso, ilustrado por todas as literaturas, e também se apresentam no interior de organelas como a mitocôndria e cloroplastos (no caso das células vegetais).

Estruturalmente, os ribossomos são formados por duas partes, uma maior e outra menor. O ribossomo só é funcional graças à junção das duas partes. As partes dos ribossomos são comumente referidas como subunidades, e cada uma delas é também frequentemente citada como 60S, quando subunidade maior, e 40S, quando subunidade menor. Porém é importante ter conhecimento que os números se referem ao tamanho das subunidades, e os ribossomos de células procariontes são menores do que nossos ribossomos, portanto, ao se referir às subunidades de ribossomos de células procariontes, devemos nos referir a subunidade maior como 50S e a subunidade menor como 30S.

Os ribossomos são formados a partir de informações genéticas provindas principalmente do nucléolo, onde, a partir dele, é criado as 2 subunidades do ribossomo. As subunidades, ainda separadas, se unem às proteínas do plasma. Em seguida, no citoplasma, as duas subunidades irão se unir para finalmente se tornarem funcionais.

A síntese de proteínas através dos ribossomos acontece da seguinte forma: Primeiramente o DNA cria cópias de informações genéticas, chamadas de RNA mensageiro (RNAm), este processo é chamado de transcrição. O RNAm não está ligado ao DNA, possibilitando que saia do núcleo e alcance o citoplasma. No citoplasma o RNAm irá se aderir a um ou mais ribossomos, esta junção do RNAm ao ribossomo permite ao ribossomo saber exatamente o que deve ser produzido, porém só irá produzir quando receber matéria prima que provém de um segundo RNA, chamado de RNA transportador (RNAt). Portanto, tanto o RNAm quanto o RNAt são fundamentais para sintetização de proteínas junto aos ribossomos. Tal etapa de criação de proteínas, usando informações do RNAm, é chamado de tradução.

Retículo Endoplasmático (liso e rugoso)

Os retículos são organelas membranosas presentes apenas em células eucariontes, como toda organela membranosa. O retículo endoplasmático é formado a partir de invaginações formadas pela própria membrana celular, podendo adquirir características de filamentos e túbulos.

apresenta, aderido a ele, ribossomos, que o proporciona uma aparência granulosa. Além disso, o retículo endoplasmático rugoso costuma estar sempre próximo ao núcleo. Mesmo nos casos que aparenta estar distante, é certo que pelo menos uma parte do retículo está fazendo conexão com a carioteca.

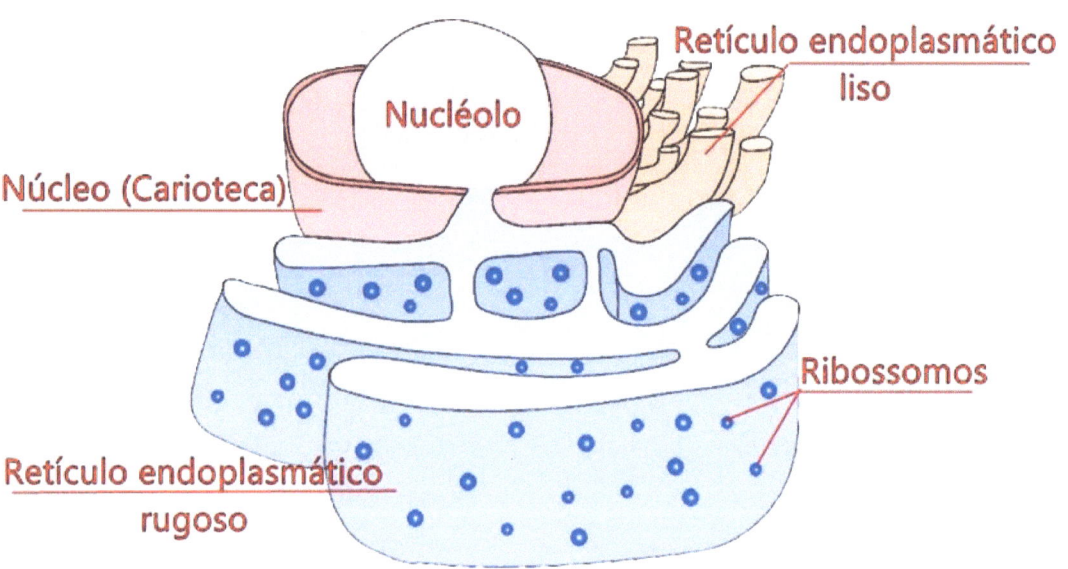

Foi notado, com o decorrer dos estudos sobre tal organela, que, em algumas regiões, a mesma adquiria características que a possibilitava cumprir funções mais diversificadas. Por tal observação, o retículo endoplasmático passou a ser classificado como liso ou como rugoso. É facilmente distinguível, já que o reticulo endoplasmático rugoso

O retículo endoplasmático liso comumente se espalha por toda a célula. Quanto as funções, pelos inúmeros ribossomos constituindo o retículo endoplasmático rugoso, este desempenha essencialmente a síntese de proteínas, onde os ribossomos aderidos a ele possibilita traduções proteicas de longa escala facilitada pela estrutura membranosa do reticulo endoplasmático. Já o retículo endoplasmático liso, possui funções mais diversificadas. Por possuir enzimas especiais, ele é capaz de atuar na síntese de moléculas como lipídios, que posteriormente podem ser usados para constituir a membrana plasmática da própria célula ou na diferenciação de esteroides. Além disso, o retículo endoplasmático liso está relacionado há importantes processos de desintoxicação, o que explica seu maior número em células do fígado.

A nível de curiosidade, há estudos que mostram que células hepáticas de indivíduos alcoólatras possuem uma quantidade bem maior de retículo endoplasmático liso. Além disso, foi evidenciado que o fato de possuírem uma maior quantidade de retículo endoplasmático liso tornava o indivíduo mais resistente a algumas medicações, fazendo com que seus efeitos não fossem perceptíveis e eficientes.

Núcleo (carioteca, cromatina e nucléolo)

Mesmo leigos conseguem identificar a estrutura nuclear presente em uma célula quando questionados, porém nem sempre conseguem detalhes sobre suas características. O núcleo é uma estrutura presente em células eucariontes (mesmo hemácias já possuíram núcleo em algum momento), e se apresenta como uma estrutura circular, que impede a visualização de seu conteúdo. Em seu interior há também citoplasma, sendo mais comumente chamado de cromatina.

A cromatina seria o conteúdo, liquido e sólido, do interior do núcleo. A parte sólida da cromatina se constitui de material genético, e a parte liquida possuí praticamente a mesma composição do citoplasma da célula.

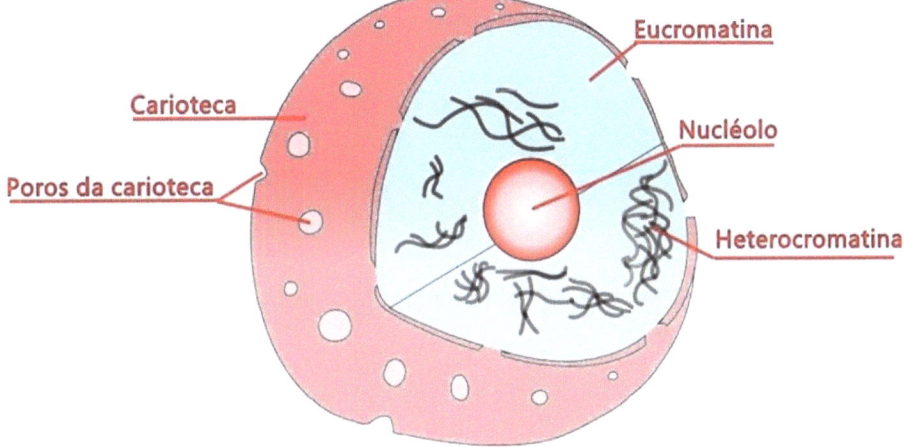

O núcleo possui uma parede não muito espessa, com poros em toda sua extensão. É a partir dos poros da parede do núcleo que há transição de materiais de dentro do núcleo para fora, e vice-versa. A parede do núcleo é comumente referida como carioteca.

A cromatina pode ser classificada como heterocromatina ou eucromatina, a diferença entre as duas é que na eucromatina o material genético disperso está mais livre, em outras palavras, menos condensado. Por conta de tal característica o material genético da eucromatina é ativo para síntese de proteínas. Já a heterocromatina possui características contrárias, é a região da cromatina com aglomerações de material genético, bem agregados, não possuindo atividade genética evidente. Uma característica importante é que, quando vista por microscopia eletrônica, a cromatina se mostra escura nas regiões de heterocromatina e as regiões de eucromatina se mostram claras.

Dentro do núcleo também há uma estrutura chamada de nucléolo, lembrando um segundo núcleo, um núcleo dentro do núcleo. Porém não se trata de um núcleo real. É uma estrutura arredondada pelo agregado de material genético, proteínas e ribossomos. O nucléolo, quando visto na microscopia eletrônica, também se mostra escuro, mas não deve ser considerado como heterocromatina, muito menos que é inativo geneticamente. Hoje, muitos estudos evidenciam funções variadas exercidas pelo nucléolo, porém por todos esses anos, desde sua descoberta, em aproximadamente 1802, a função primordial dada ao nucléolo é a coordenação do processo reprodutivo das células, devido, principalmente, por possuir trechos de genes específicos para coordenação de ribossomos.

Complexo de Golgi

Golgi refere-se ao seu descobridor, Camillo Golgi, médico italiano. Foi descoberta quase que imediatamente após o início dos estudos sobre o interior das células, em torno de 1898. Devido ao seu tamanho e suas características bem típicas, está entre as organelas com maior conteúdo científico descoberto e escrito.

É uma organela de células eucarióticas e, assim como o retículo endoplasmático, é formada por deformações da própria membrana da célula, porém sua morfologia é mais padronizada do que os retículos endoplasmáticos. A membrana que forma o complexo de Golgi está como vesículas achatadas, que lembram ondas que se propagam, de formato côncavo/convexo, e são chamadas de cisternas. A parte côncava do complexo de Golgi é chamada de face trans, e a parte convexa de face cis.

Quanto a sua função, o complexo de Golgi é basicamente relacionado à secreção e armazenamento de substâncias. Porém algumas características são comumente referidas como atributos de cada face do complexo. A face cis, parte convexa, é virada para o núcleo, mais especificamente para os retículos endoplasmáticos rugosos, portanto a face cis é a parte do complexo de Golgi apontado para o centro da célula. A face cis recebe as vesículas provenientes do retículo endoplasmático que estarão envoltos por uma membrana. A membrana das vesículas se funde ao complexo de Golgi e libera seu conteúdo.

Já a face trans do complexo de Golgi é responsável por liberar vesículas com conteúdos antes armazenados, conteúdos que podem tanto ter sido quimicamente e estruturalmente alterados quanto preservados. A face trans aponta para o exterior da célula, em direção à membrana plasmática. É pela face trans que vesículas como os lisossomos e peroxissomos saem, ambas organelas relacionadas à digestão celular.

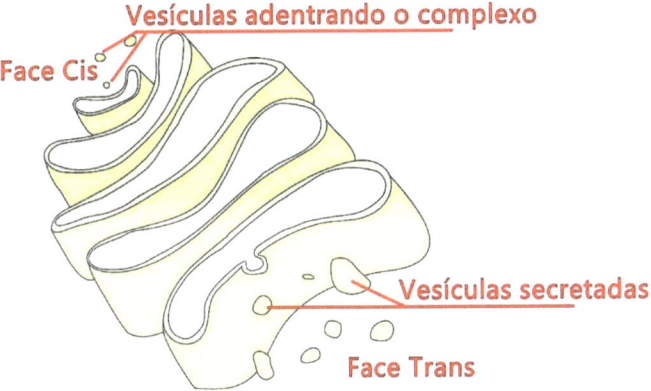

Sobre a preservação e as alterações do conteúdo interno do complexo de Golgi, podemos abreviar da seguinte forma: Todo conteúdo recebido pelo complexo de Golgi estará em suas estruturas internas, podendo ser ou não usado imediatamente, por isso a capacidade de armazenamento. Alguns dos conteúdos recebidos não possuem ainda uma estrutura compatível para sua futura função, e estão sujeitos a alterações por enzimas presentes nas cisternas do complexo de Golgi, no qual, o conteúdo que entrou pela face cis, vai para a face trans passando por diversas cisternas, recebendo os tratamentos necessários para sua saída do complexo.

Centríolo

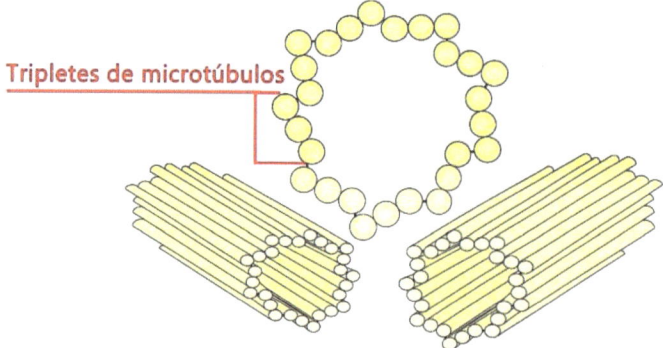

Centríolos são organelas que dão suporte à divisão celular, tanto na mitose quanto na meiose. Como o próprio nome indica, possuem forma de cilindro. Um centríolo é composto por 27 cilindros menores que formam uma estrutura circular. Toda sua estrutura é composta de proteínas, e há proteínas que proporcionam a aderência entre cada microtúbulo (cilindro). É observado também uma estrutura interna nos centríolos, com aparência geométrica, consequência das proteínas que entrelaçam os microtúbulos.

Quando não ativos, os centríolos se concentram numa região da célula e formam centrossomas (nome dado a esta estrutura). Cada centrossoma é constituído de dois centríolos, isto porque a maioria das literaturas defendem que cada célula possui apenas um centrossoma, em outras palavras, cada célula possui dois centríolos. Quando nos centrossomas, os centríolos formam um diplossomo, sendo este uma estrutura consequente da união de dois centríolos. Os centríolos podem ser encontrados nos centrossomas tanto de células animais quanto vegetais, porém no caso das células vegetais, são ausentes em plantas superiores.

No preparo para a divisão celular, a célula duplica seu diplossomo e envia um para cada polo da célula. Quando nos polos da célula, os diplossomos estarão prontos para exercer sua função. Feixes de microfibrilas estarão em grandes quantidades no citoplasma da célula e se unirão aos diplossomos, formando estruturas chamadas de ásteres. Uma ponta de cada áster estará ligada a um dos diplossomos, e a outra ponta aos centrômeros dos cromossomos, permitindo-os que puxem, através das ásteres, os cromossomos, um para cada lado da célula, separando o material genético em dois. Os diplossomos se separarão a partir dali, indo cada um para uma das células provindas da mitose, e, quando lá estiverem, os diplossomos irão para sua região habitual, a região centrossoma.

A estrutura formada por diversos ásteres, conectando os centríolos com os cromossomos, é chamado de fuso mitótico. Já a organização linear que os cromossomos formam para a divisão, é chamado de plano equatorial.

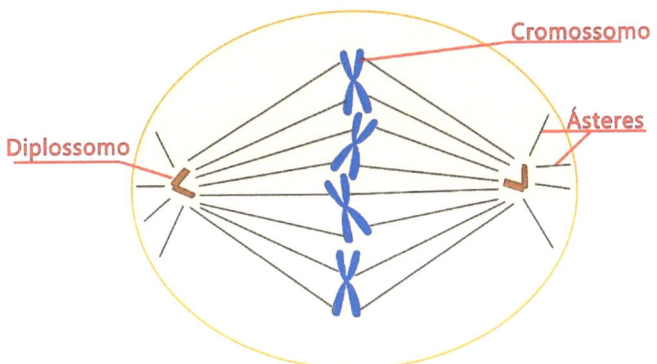

Já é sabido que os centríolos maternos desaparecem na formação do óvulo e será mantido apenas os centríolos que serão provindos do espermatozoide. Estudos mais recentes mostraram que, na não eliminação do centríolo materno, a divisão celular do zigoto será prejudicada, podendo nem sequer acontecer, inviabilizando a subsequente gestação.

1.3 – Divisão celular (Mitose/Meiose)

A capacidade das células se dividirem é conhecida por uma quantidade considerável da população, porém pouca parte desta população domina também os detalhes e tipos de divisão celular. Para abordar mais tecnicamente este assunto é fundamental uma introdução sobre o ciclo de vida celular, onde, cada célula, possui estágios de vida, cada estágio com suas características:

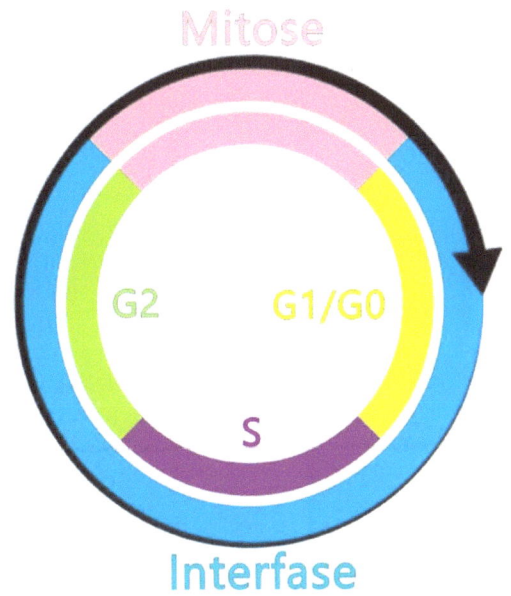

Este ciclo descreve os estágios que uma célula passa entre suas divisões. 90% do tempo de vida da célula é classificado como interfase, fase que a célula cumpre suas funções e junta nutrientes suficientes para sua futura multiplicação. Na interfase também acontece a duplicação do material genético. Por conta dos inúmeros acontecimentos na fase interfase, é comumente atribuído a ela subdivisões. A interfase pode ser dividida em fase G0, G1, S e fase G2.

Na fase G0 (ausente em algumas células), a primeira fase da interfase, a célula simplesmente se mantém em repouso, cumprindo apenas suas funções básicas. Após a fase G0, a célula entra na fase G1, onde aumentará sua síntese de proteínas, além de aumentar o armazenamento de algumas substâncias. É comum na fase G1 que a célula aumente de tamanho.

A fase S acontecerá após a fase G1, e é uma fase extremamente importante, sendo foco de muitos estudos, inclusive em perguntas de vestibulares e concursos públicos. Na fase S acontece a duplicação do material genético da célula, e os centríolos começam a se mover para os polos da célula. Em outras palavras, a duplicação do material genético de uma célula acontece na Interfase, mais especificamente na fase S da interfase.

Após a fase S, a célula estará na fase G2, esta sendo a última fase da interfase. A fase G2 possui características parecidas com a G1, consistindo em maior síntese de proteínas, armazenamento de substâncias, e ainda maior crescimento celular. No final da fase G2 os centríolos já estarão posicionados nos polos da célula, e a célula estará preparada para se dividir.

Após a fase G2, a célula finalmente sai da interfase e entrará na sua divisão celular, que poderá ser mitose ou meiose, dependendo de qual célula estamos falando. Nos humanos, e na maioria dos organismos de reprodução sexuada, apenas as células sexuais (gametas) se dividem por meiose, a divisão dos restantes das células é chamada de mitose.

A diferença principal entre mitose e meiose se consiste na quantidade de material genético que as células geradas pela divisão terão. Na mitose, uma célula se dividirá em duas, cada uma idêntica a sua progenitora e, obviamente, idênticas entre si. Na meiose, uma célula se dividirá em duas, cada um recebendo um cromossomo, em seguida cada uma destas células se dividirá novamente, cada uma em duas células. Estas novas células terão metade do material genético do cromossomo de sua progenitora. Em outras palavras, e de forma mais resumida, na meiose uma célula irá gerar quatro células, estas não sendo idêntica entre si, muito menos idêntica a sua progenitora, isso porque cada uma dessas células terá metade do material genético da célula progenitora. As células geradas na meiose são chamadas de células haploides, por possuírem apenas um cromossomo (1n).

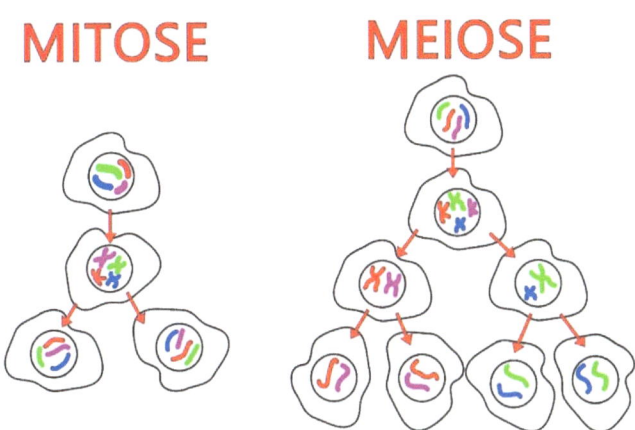

Voltando à mitose, apesar de não ser mostrado no ciclo de vida celular, a mitose também possui fases, assim como a interfase. As fases da mitose são prófase, prometáfase (existente em apenas algumas literaturas), metáfase, anáfase e, por último, telófase.

A primeira etapa da mitose é a prófase, onde ocorre o desaparecimento do núcleo, nucléolo e citoesqueleto, e aparecimento do fuso mitótico. A perda do citoesqueleto torna a célula esférica. Em algumas literaturas existe uma fase seguinte chamada prometáfase, sendo um curto momento onde a parede celular se rompe e os cromossomos ficam em aparente desordem. Ainda assim, podemos considerar todas essas características como pertencentes à fase prófase.

A segunda etapa da mitose é a metáfase. Nesta fase os cromossomos atingem sua condensação máxima e se concentram numa linha imaginária da célula, comumente referida como equador da célula ou plano equatorial. Cada um dos pares de cromossomos está ligado a um dos polos da célula, através dos fusos mitóticos, prontos para serem puxados.

Após a metáfase se inicia a terceira etapa da mitose, chamada de anáfase.

Finalmente na anáfase ocorre a separação dos cromossomos, antes mantidos no plano equatorial da célula. Os cromossomos são divididos, cada parte indo para um polo da célula, puxados pelo fuso mitótico.

reaparecimento do núcleo e o desaparecimento do fuso mitótico. No fim de todas as etapas acontece a cariocinese, isto sendo a capacidade das células se desprenderem e finalmente serem independentes. A cariocinese é comumente citada junto à fase telófase.

PRÓFASE
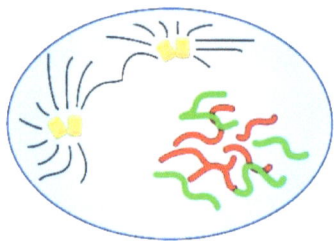

METÁFASE
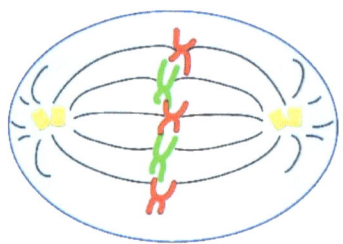

ANÁFASE
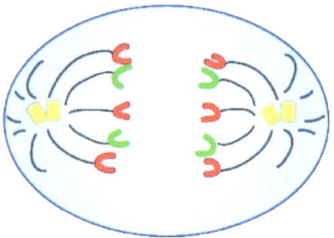

TELÓFASE
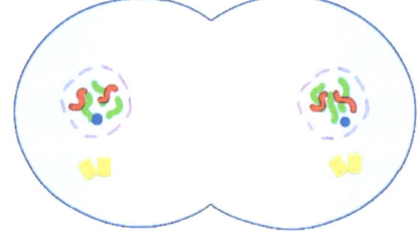

Após a anáfase acontece a quarta e última etapa da mitose, a telófase. Onde os cromossomos, cada um em seu devido polo, começam a se desajuntar, formando cromatina. Na telófase também já é aparente a formação das duas células originadas pela divisão, apesar de não estarem totalmente separadas ainda. Em cada um dos polos já é possível observar o

1.4 – Principais tipos celulares do organismo humano

Há centenas de tipos celulares, e não é a intenção desta edição citar todos. Iremos, aqui, ter um maior foco nos principais tipos, nos dando a oportunidade de conhecer suas características.

Células-tronco

Células-tronco são células com alta capacidade de diferenciação que, devido a esta característica, dão origem a muitos tipos celulares. Uma célula-tronco é capaz de se diferenciar em qualquer tipo celular, ou, em alguns casos, se diferenciar em um tipo específico para que esse tipo específico possa sofrer mudanças subsequentes até se tornar uma classe celular final. Todo nosso organismo originou-se por uma única célula-tronco, chamada célula tronco embrionária.

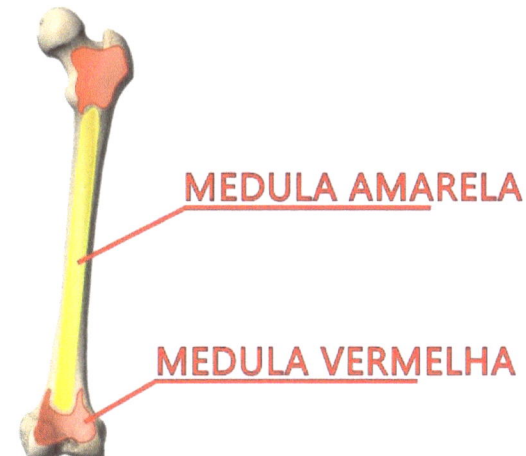

Com o decorrer do nosso desenvolvimento, continuamos possuindo células-tronco, já que muitas de nossas células necessitam ser constantemente renovadas. Tais células-tronco encontram-se na nossa medula óssea vermelha e vão se tornando cada vez mais escassas com o decorrer da idade, sendo substituída por células de gordura (medula óssea amarela).

Portanto podemos considerar a existência de dois tipos de células-tronco: a embrionária e a adulta. A embrionária é capaz de formar um indivíduo funcional completo, por isso a célula tronco embrionária é chamada também de célula totipotente, fazendo referência a sua capacidade de se tornar um trofoblasto.

Já a célula-tronco adulta, esta não é capaz de formar um trofoblasto, portanto não é capaz de gerar um indivíduo completo por si só. Ainda assim é capaz de se diferenciar em muitos tipos de tecidos humanos. As células-tronco adultas podem ter variações de potencial, por isso são divididas em pluripotentes e multipotentes. As pluripotentes possuem uma maior capacidade de diferenciação comparadas às multipotentes.

Tanto a medula vermelha quanto a amarela são encontradas dentro da cavidade de alguns ossos, como o fêmur, mostrado na imagem anterior.

Células vermelhas

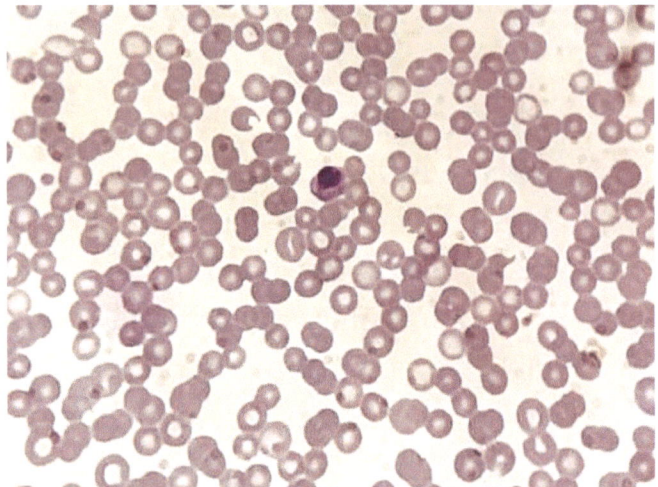

(Hemácias de cão vistas microscopicamente em aumento de 100x. Podemos também observar um único leucócito no centro da imagem.)

Comumente dividimos as células do tecido conjuntivo sanguíneo como vermelhas ou brancas. As únicas células que fazem parte da categoria vermelha são as células eritrocitárias, eritrócitos, ou simplesmente hemácias, todos sinônimos para célula vermelha. São a presença dos eritrócitos que dão origem à cor vermelha no sangue, mais especificamente a cor vermelha se deve à hemoglobina presente nos eritrócitos.

Os eritrócitos possuem forma de disco bicôncavo, em outras palavras, apresentam centros mais finos e bordas mais espessas. Sua função está relacionada ao transporte de oxigênio para os tecidos do corpo, além de se livrar do gás carbônico levando-o para os pulmões. Sua forma e cor podem sofrer alterações em situações nutricionais específicas e patológicas.

Eritrócitos são como chamamos as células ativas e em seu estado morfológico normal (sem núcleo), isto porque o eritrócito passa por diversas diferenciações desde a célula tronco. Tais diferenciações são importantes para o estudo das células vermelhas, pois seu reconhecimento pode servir de suporte nos diagnósticos com necessidades mais específicas. A diferenciação eritrocitária é chamada de eritropoiese, e é representada na imagem seguinte:

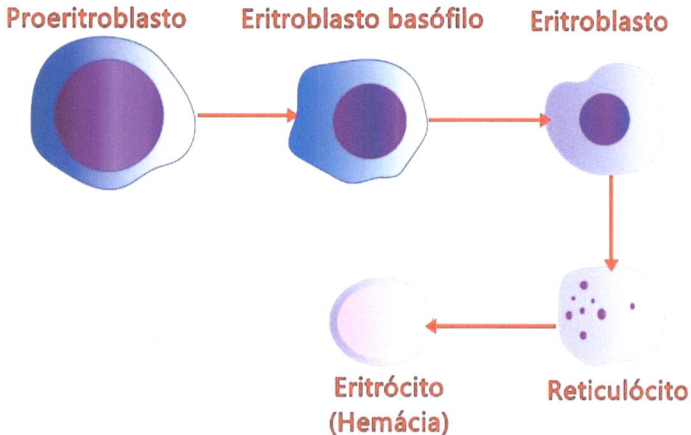

Células brancas

As células brancas são um conjunto de muitos tipos de células, todas com funções de defesa. São as células do sistema imunológico. Estão presentes não só no tecido conjuntivo sanguíneo mas também na maioria dos tecidos, apesar de nem sempre estarem de forma fixa. É comumente chamado de quimiotaxia a capacidade das células brancas se moverem entre tecidos.

Uma forma mais comum de nos referirmos às células brancas é como leucócitos. Leucócitos são todas as células do sistema imune. Há muitos tipos de leucócitos, cada um com características bem específicas, que os tornam muitas vezes únicos no combate de determinados antígenos.

Muitas literaturas gostam de acrescentar o conteúdo das plaquetas junto ao conteúdo das células brancas, mas devemos ter consciência que as plaquetas não são células brancas, pois não são células. Plaquetas são fragmentos provindos de uma célula da medula óssea chamada megacariócito. Diferente das células brancas, as funções da plaqueta giram em torno da hemostasia e não da defesa imunológica. Chamamos de hemostasia a capacidade do corpo regular os processos de coagulação do sangue. Segue alguns exemplos de células brancas (leucócitos):

 **Linfócito:** Mais relacionado ao sistema imune adaptativo e infecções virais.

 **Monócito:** É como chamamos os macrófagos no sangue. Possuem grande capacidade fagocitária.

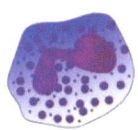 **Basófilo:** Célula pouco encontrada nos tecidos e na corrente sanguínea. Possuem relação principalmente com processos alérgicos.

 **Eosinófilo:** Célula bem característica por sua coloração rosada/avermelhada. Possuem relação principalmente com infecções por parasitas multicelulares.

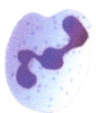 **Neutrófilo:** Mais relacionado ao sistema imune inato e infecções bacterianas e fúngicas.

Células nervosas

As células nervosas são comumente divididas em dois tipos principais, os neurónios e as células da glia. Os neurónios são as células responsáveis pelos impulsos nervosos, possuindo longas ramificações por onde passam os impulsos elétricos e químicos. Os neurónios são a unidade básica e fundamental de todo sistema nervoso, nos possibilitando ações voluntárias e involuntárias.

Os neurónios podem ter grandes variações quando comparados. Porém todos os neurónios possuem características morfológicas específicas, o que nos possibilita nomearmos suas partes. O seu centro pode ser chamado de soma, ou simplesmente de corpo celular, é onde está o núcleo. A ramificação mais longa e evidente que sai do corpo celular é chamada de axônio. Os prolongamentos menores, que também saem do corpo celular, são chamados de dendritos.

Apesar dos neurónios possuírem núcleos, eles não se multiplicam, porém os axônios e dendritos podem sofrer uma certa regeneração limitada, desde que o corpo celular do neurônio esteja funcional. Os dendritos recebem

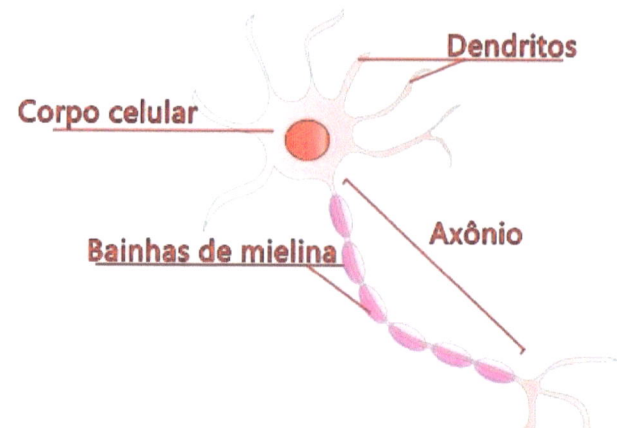

estímulos elétricos e químicos de outras células, e os encaminham para o corpo celular. Já os axônios, levam, do corpo celular para o exterior, impulsos elétricos e químicos. Além disso os neurónios podem ser classificados de forma mais específica, dependendo de sua morfologia, observando como o axônio e os dendritos estão organizados.

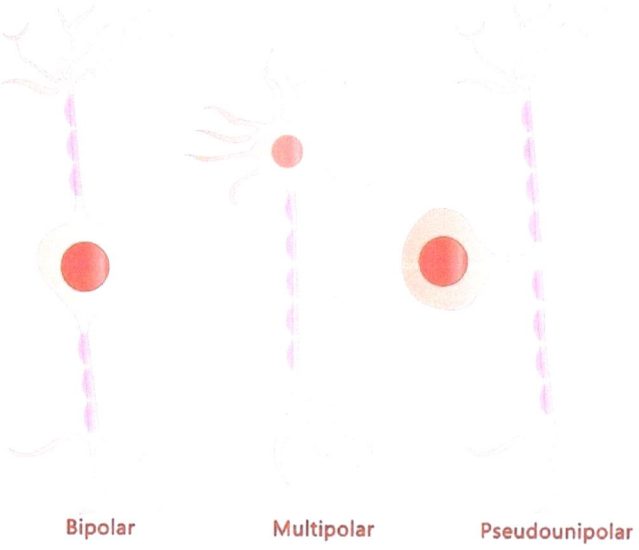

Capítulo 1 – Citologia

Já as células da glia, também chamadas de neuroglias ou gliócitos, são consideradas células nervosas por serem componentes do tecido nervoso. Não devemos confundi-las com neurónios, já que suas funções primordiais não têm relação com a transmissão de impulsos nervosos, apesar que, estudos recentes defendem que as células da glia sejam capazes de transmitir impulsos, se comunicando durante sua atuação, tanto com outras células gliais quanto com neurónios.

A definição geral das células da glia são de células que protegem e dão suporte aos neurónios. Temos basicamente duas categorias de células dentro das células gliais, as micróglias e as macróglias. As micróglias são leucócitos, ou seja, células brancas, capazes de fagocitar antígenos no tecido nervoso, protegendo assim o organismo. As micróglias são macrófagos, porém não é comum referirmos a tais leucócitos presentes no tecido nervoso como macrófagos, a nomenclatura micróglia é utilizada neste caso quase de forma unanime nas literaturas.

A outra categoria das células da glia é a macróglia, na macróglia há as seguintes células: Astrócitos, oligodendrócitos e células de Schwann. Diferente das micróglias, as macróglias não são leucócitos. Os astrócitos são células gliais portadores de uma morfologia expandida, com diversas ramificações do centro celular para todas as direções. Por tal característica recebem o nome "ASTROcitos", fazendo alusão às estrelas. As principais funções dos astrócitos estão relacionadas ao controle de diversas substâncias no tecido nervoso, as quais têm sua concentração controlada pelos astrócitos para manter o funcionamento correto de todos componentes celulares. Tal função é de extrema importância, levando em conta que os impulsos químicos e elétricos dependem de concentrações de íons extra e intracelulares.

Os oligodentrócitos e as células de Schwann possuem essencialmente a mesma função, porém não devem ser considerados como células iguais com nomenclaturas diferentes. Ambas as células possuem a mesma função, porém não são a mesma célula, pois há diferenças morfológicas, bioquímicas, entre outras. Tais células atuam na formação das bainhas de mielina, sendo esta a estrutura que recobre o axônio dos neurónios, permitindo que os impulsos nervosos permaneçam íntegros. A principal diferença das duas células é que os oligodentrócitos atuam no sistema nervoso central, produzindo as bainhas de mielina dos neurónios de lá, enquanto as células de Schwann fazem a mesma coisa com os neurónios do sistema nervoso periférico. Uma diferença entre elas também interessante é que um único oligodentrócito é capaz de contribuir na produção da bainha de mielina de vários neurónios, e uma única célula de Schwann é capaz de dar suporte apenas a um neurónio.

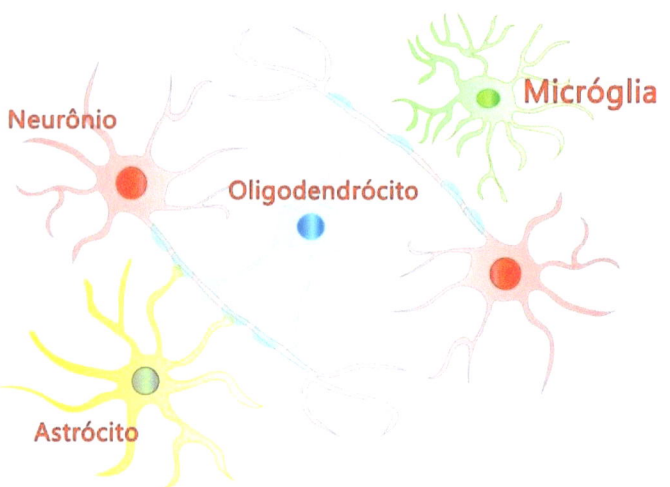

Uma importante característica das células da glia é que elas são capazes de se dividir por mitose, diferente nos neurónios que não possuem tal capacidade, e não são substituídos ao morrerem. Por conta de tal característica existem os tumores gliais, cânceres das células da glia.

Células musculares

As células musculares possuem habilidade de contração graças a capacidade de receber e interpretar estímulos elétricos e químicos. Não constituem apenas nossa musculatura aparente, que tanto treinamos ou deveríamos treinar, também constituem parte do tecido de órgãos como o intestino, coração, bexiga, útero, entre outros. Portanto podemos afirmar que muitos órgãos e sistemas possuem células musculares como componentes, porém essas células podem ter distinções de uma para outra, apesar de serem todas musculares.

Várias células musculares juntas podem estabelecer um tecido esquelético, cardíaco ou liso. Primeiramente, as células musculares esqueléticas compõem a musculatura que proporciona a motilidade e a conexão entre ossos, permitindo assim nossas ações conscientes, em outras palavras, nossas ações voluntárias. As células musculares esqueléticas são cilíndricas e longas, e possuem seus núcleos frequentemente situados nas periferias. Ao longo da célula muscular esquelética e cardíaca existe um padrão de cor, quando visto por microscopia, que se repete, devido sua estruturação por sarcômeros. Os sarcômeros são estruturas padronizadas com proteínas para viabilizar e realizar a contração muscular. As proteínas mais importantes constituintes do sarcômero são a actina e a miosina, fundamentais no esquema complexo da contração muscular.

conteúdo do sarcômero, composto por actina e miosina.

As células musculares cardíacas, sendo o segundo tipo muscular citado, também possuem sarcômeros, como já dito. Possuem semelhança com o tecido esquelético por também serem cilíndricas e longas, com as mesmas estruturas que lembram filamentos, os sarcômeros.

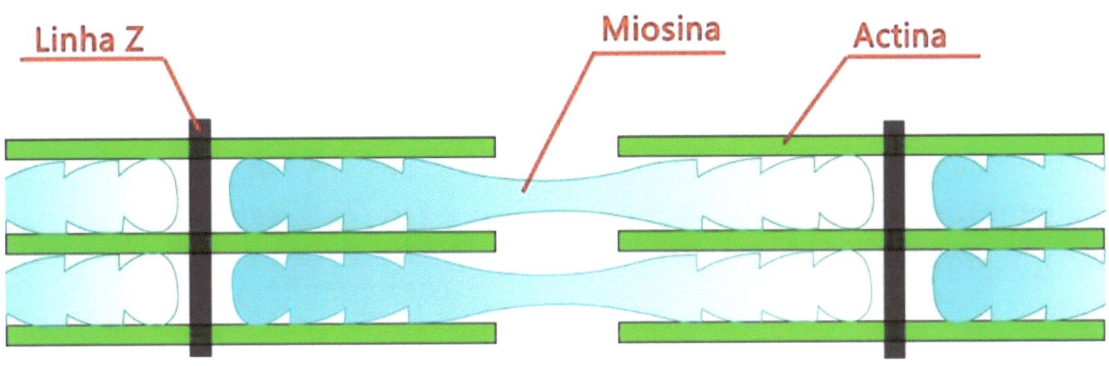

Os sarcômeros são estudados como as menores unidades funcionais contráteis de um músculo estriado (esquelético ou cardíaco). Um sarcômero é delimitado de uma faixa escura a outra, quando visto microscopicamente. No caso da imagem, podemos observar os limites do sarcômero, chamados de linhas Z. Entre as duas linhas Z temos o

As células musculares cardíacas compõem o tecido do coração, como o nome indica, e são diferenciadas das células esqueléticas por possuírem núcleo centralizado, além de suas células serem ramificadas e agirem involuntariamente.

| Musculatura esquelética | Musculatura cardíaca | Musculatura lisa |

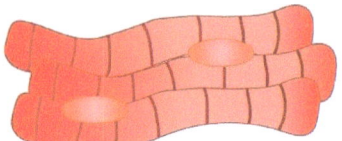  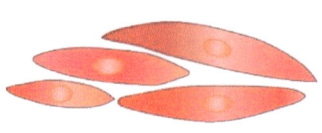

As células musculares lisas possuem morfologia diferente de um cilindro, são cumpridas, porém afinam do centro para as extremidades. Além disso não possuem estriações por não possuírem sarcômeros, o que não significa que não possuem capacidade de contração. A contração das células musculares lisas são involuntárias e acontecem sim, porém lentamente e discretamente. As células musculares lisas constituem as vísceras e a maioria dos órgãos.

Condrócitos

Os condrócitos são as células constituintes da cartilagem, este sendo o tecido protetor entre a maioria das articulações ósseas, além de também existir na orelha e na ponta do nariz. A função dos condrócitos é promover toda a matriz da cartilagem, em outras palavras, promover a existência e manutenção da cartilagem. São células na maioria das vezes isoladas, circundadas por matriz cartilaginosa.

Possuem morfologia comum, não muito variável, não escapando tanto do aspecto redondo com núcleo centralizado.

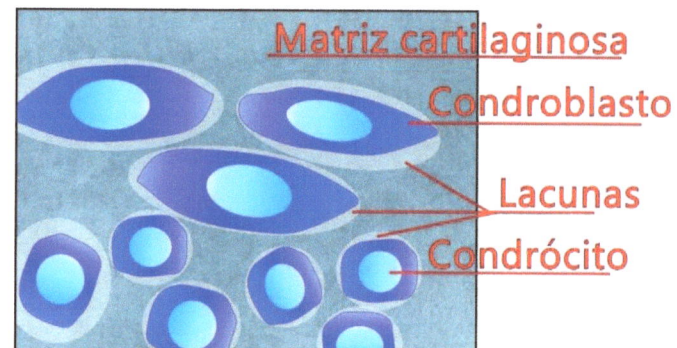

Existem também os condroblastos, que nada mais são que condrócitos jovens, em outras palavras, precursores dos condrócitos. Morfologicamente os condroblastos são mais discretos, com menor citoplasma e em forma de feixes. Os condroblastos estão nas periferias do tecido cartilaginoso e vão para o centro à medida que amadurecem.

O tecido cartilaginoso está em contato direto com o pericôndrio fibroso, este sendo um tecido conjuntivo denso ocupado por células chamadas fibroblastos. O pericôndrio fibroso é vascularizado, tornando-o capaz de nutrir o tecido cartilaginoso.

Células ósseas

Há quatro tipos de células ósseas fundamentais: osteoblastos, osteoclastos, osteócitos, e as células de revestimento ósseo, esta última sendo mais comumente citada como "bone lining cells", ou simplesmente "lining cells". Há diferenças morfológicas entre todas elas. Primeiramente podemos citar os osteoblastos, células do tecido ósseo que possuem núcleo, na maior parte das vezes na periferia da célula. Possuem um citoplasma extenso e disforme, porém podem sofrer ainda mais diferenciações de morfologia dependendo de seus graus de atividade. Quanto mais ativo, tende a se tornar mais cuboide. Sua atividade se consiste em produzir matriz óssea, sintetizando colágeno, proteoglicanos e glicoproteínas.

Já os osteócitos, apesar de serem considerados um tipo diferente de célula, são mais vistos como um estágio na vida de um osteoblasto. Quando um osteoblasto produz muita matriz óssea, ela tende a se expandir por toda sua volta, isolando a célula das outras por consequência de tal matriz. Quando tais células estão isoladas devido a intensa produção de matriz óssea, elas passam a ser chamadas de osteócitos. Porém deve ser levado em consideração que nem todos os osteoblastos produzirão tanta matriz óssea a ponto de se tornarem osteócitos. Por conta disso, podem permanecer nas periferias do tecido ósseo, se tornando células de revestimento, as bone lining cells.

Osteoblasto   **Osteócito**

Osteoclasto

O quarto e último tipo celular é o osteoclasto, célula móvel, gigante, podendo ter extensas ramificações, além de possuir vários núcleos. A função de tais células se consiste na digestão e dissolução da matriz óssea. Com a destruição da matriz pelos osteoclastos e a síntese dela pelos osteoblastos e osteócitos, há a renovação constantemente da matriz óssea, sendo todas as células componentes de um ciclo de vida do tecido ósseo. A capacidade dos osteoclastos de destruírem matriz óssea se deve às substâncias ácidas, colagenases, e outras hidrolases, produzidas por eles. A intensidade da atividade dessas células é coordenada por citocinas e hormônios, como a calcitonina, paratormônio, entre outros.

Células da pele

Incluo aqui, ao falar da pele, as células tanto da epiderme quanto da derme, sendo as principais: queratinócitos, melanócitos, células de Merkel, células de Langerhans e as células epiteliais no geral. Esta última é componente do tecido epitelial, sendo este um tecido comum não só na pele, mas também em diversos outros órgãos, porém daremos ênfase nela aqui.

As células epiteliais podem ter diversas morfologias ao longo de sua vida, como na pele que, quanto mais se aproximam do exterior, mais planas e finas se tornam. Sua principal função é fornecer estrutura para o órgão que a possui, proporcionando forma e defesa, além do controle do fluxo de substâncias. Tais células também possuem a capacidade de se alterar, a ponto de adquirirem características peculiares, como cílios, estereocílios e microvilosidades, tudo resultado de deformações membranosas controladas. Estas estruturas podem servir de defesa, como no caso dos cílios, presentes na mucosa nasal, que empurram partículas estranhas para fora do epitélio. Também podem servir para aumentar a superfície de contato da célula, como os estereocílios e as microvilosidades, este último presente no intestino.

Porém é importante ressaltar que: as células dos tecidos epiteliais de cada região do organismo têm uma nomenclatura diferente, pois além de estarem em regiões distintas, cobrindo órgãos distintos, podem possuir funções exclusivas, como no caso da pele. Os queratinócitos são células epiteliais, pois são as células que compõem 80% de toda a epiderme, sendo o constituinte das 5 camadas: camada basal, camada espinhosa, camada granulosa, camada lúcida e camada córnea.

Além das funções já comentadas de uma célula epitelial, os queratinócitos produzem a queratina, proteína que proporciona força, resistência e elasticidade à pele junto às fibras. Com o decorrer da geração de queratinócitos, estes vão subindo para a última camada da pele, de dentro para fora, da camada basal à camada córnea, onde os queratinócitos já estarão mortos e anucleados, porém terão ainda resquícios de queratina.

Os melanócitos, como o nome sugere, são células relacionadas às melaninas, composto responsável por nos proporcionar a coloração da pele, olhos e cabelo, protegendo-nos dos raios nocivos do sol. São células mononucleadas, na maioria das vezes extensas, com diversos filamentos que alcançam a membrana de diversos queratinócitos. Os melanócitos estão na camada basal.

A melanina sintetizada pelos melanócitos se agrega em estruturas chamadas de melanossomos, estes melanossomos são capazes de viajar por todo o citoplasma do melanócito, alcançando regiões de contato com

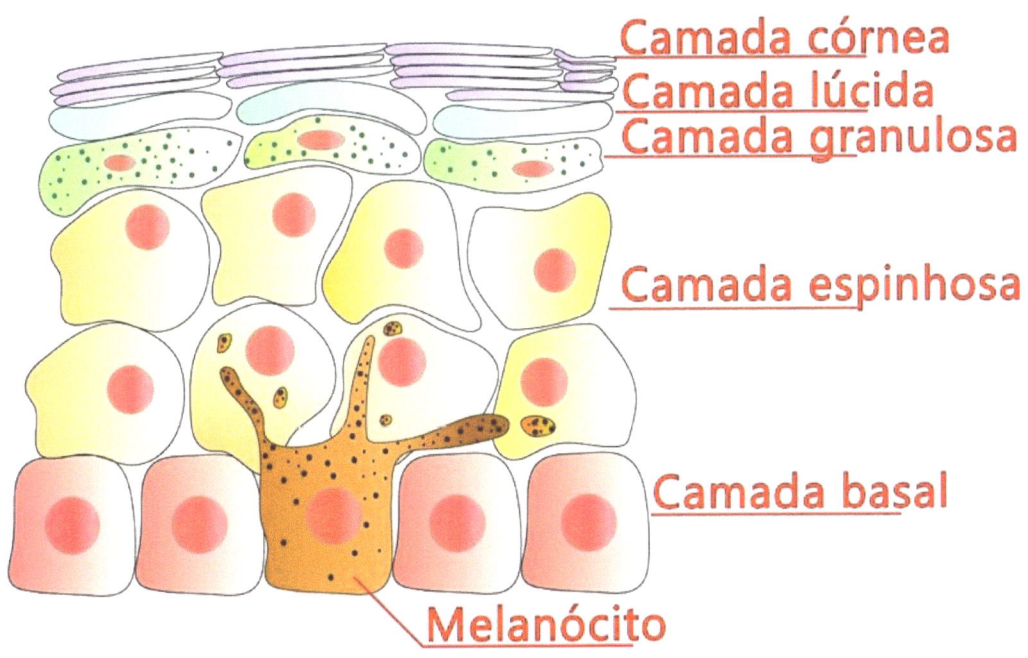

outras células, sendo absorvidos por queratinócitos. A quantidade de melanossomos produzidos é o que dará a característica da cor da pele do indivíduo, em outras palavras, pessoas de pele clara produzem menos melanossomos e pessoas de pele escura produzem mais.

por envolver tanto vias patológicas quanto fisiológicas complexas.

Uma outra célula muito importante da pele é a célula de Merkel, sendo esta uma célula sensitiva, ligada ao tato. Possui morfologia oval, núcleo, e está presente na camada basal, podendo estar tanto ligada a outras

O precursor do melanócito é chamado de melanoblasto, e é originado de uma célula tronco existente na pele, localizado na maior parte das vezes na bainha radicular externa dos folículos pilosos. O melasma é um termo genérico para descrever o excesso de pigmentos produzidos por melanócitos, ou até um único melanócito, situação comum que acomete quase todas as pessoas (se não todas). Há diversos fatores que estimulam e desestimulam os melanócitos, porém não é intenção deste volume abordar tais condições,

células de Merkel, por meio de desmossomos, quanto isoladas. Estão em contato direto com terminações nervosas, permitindo-as enviar sinais para o sistema nervoso central.

E por último, mas não menos importante, temos as células de Langerhans, células de defesa presentes na pele. Estas células possuem um citoplasma que se divide em filamentos, como um melanócito, para abranger sua capacidade de contato. É nucleada, e em seu citoplasma há grânulos claros, muitas vezes lembrando raquetes de tênis quando observado por microscopia eletrônica. Tais grânulos são chamados de grânulos de Birbeck e possuem relação com as endocitoses realizadas pela célula contra partículas estranhas.

Células endoteliais

As células endoteliais são achatadas e com espessura variável. São as células que tem contato direto com o sangue, ou seja, são as células que recobre a parte interna dos vasos sanguíneos. Tais células apresentam núcleo e, como a maioria das células, apresentam organelas comuns como complexo de Golgi e mitocôndria. Nem sempre possuem desmossomos ligando-as, tendo aderência ainda assim, por características do próprio tecido.

A principal função das células endoteliais é formar uma superfície lisa que facilita o fluxo laminar do sangue que previna a aderência das células sanguíneas. A estrutura formada pela disposição das células endoteliais permite também a passagem controlada de substâncias entre o sangue e as outras camadas do vaso sanguíneo. Além disso, possibilitam a quimiotaxia, permitindo que leucócitos atravessem a camada quando necessário.

Teoricamente, o termo "endotelial" pode ser usado para referirmos a qualquer superfície de células de um lúmen ou estrutura interna do corpo, sendo oca ou não, como a parede interna da bexiga urinária, por exemplo. Porém na prática raramente há a utilização do termo para este fim, prevalecendo assim seu significado dito no início, como camada da parede dos vasos sanguíneos.

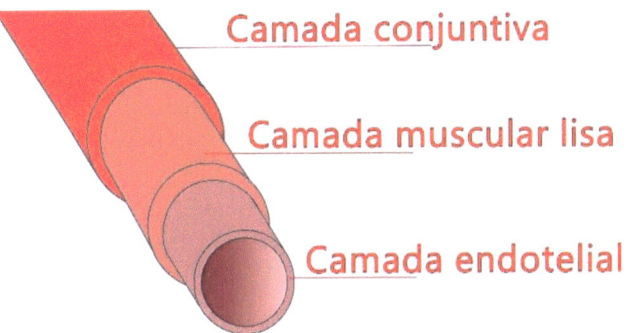

Células de gordura

Referimos às células de gordura como adipócitos, e comumente os dividimos em dois tipos, o branco, também chamado de adipócito claro, e o marrom, chamado também de adipócito escuro. Algumas literaturas trazem também os adipócitos beges, que seriam um meio termo entre os dois tipos principais. A função dos adipócitos é armazenar gordura e proporcionar calor ao organismo.

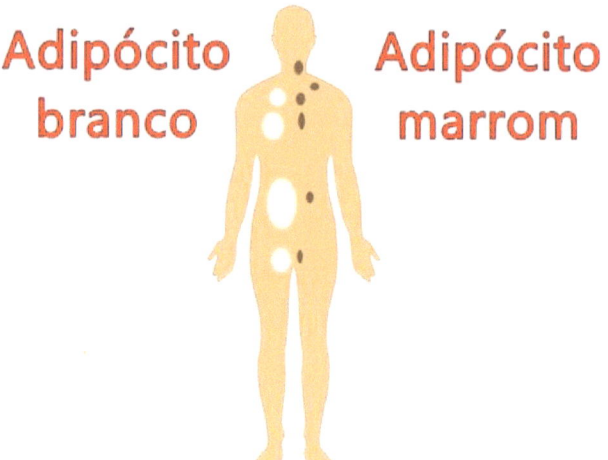

Os adipócitos possuem uma enorme capacidade de armazenar gordura, mais especificamente triglicerídeos, podendo, um adipócito, crescer até dez vezes seu tamanho normal para maior armazenagem. A diferença de um adipócito branco para um marrom se consiste na localização, número de vacúolos de gordura, tamanho do(s) vacúolos(s), e quantidade de mitocôndrias. Os adipócitos brancos, na maior parte das vezes, possuem apenas um vacúolo, podendo ser de pequeno a grande. Além disso, os adipócitos brancos apresentam mitocôndrias numa quantidade de pequena a razoável. O deposito de adipócitos brancos costuma ser principalmente na região abdominal, mas com importante capacidade de desenvolver nas regiões gluteal e femoral, mudando suas proporções dependendo do sexo do indivíduo. Há a possibilidade também de gordura na região visceral, porém em casos fisiológicos normais, a gordura visceral tende a aumentar de forma mais lenta. Não deve ser desconsiderada, já que, em poucas quantidades, já pode ser capaz de prejudicar a homeostase do organismo.

Os adipócitos marrons possuem muitos vacúolos de gordura pequenos, e uma quantidade grande de mitocôndrias. Estão localizados principalmente na região do pescoço, supraclavicular, pericardial e suprarrenal, porém em bebês tendem a ser predominantes, cobrindo uma região corporal ainda maior. Sua função se consiste na produção de calor, por isso a grande quantidade de mitocôndrias. Microscopicamente são facilmente reconhecidos por apresentarem um citoplasma mais preenchido e escuro. Dependendo do tipo de coloração da amostra podem se apresentar literalmente como marrons, diferente dos outros adipócitos brancos, com enormes vesículas transparentes. Como dito, os adipócitos podem se acumular na região visceral, mas, ainda mais especificamente, podem também se desenvolver no fígado, entre as células do tecido hepático. Quando este aumento de adipócitos no tecido hepático está descompensado, consideramos como uma patologia, chamada esteatose hepática.

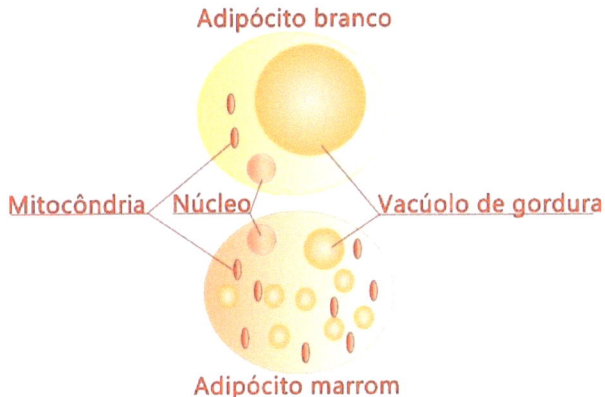

Células sexuais

Células sexuais, também chamadas de gametas, são células produzidas por meiose, ou seja, são haploides, com um único conjunto de cromossomos. As características das células sexuais mudam dependendo do sexo do indivíduo, as células masculinas são chamadas de espermatozoides e as femininas de ovócitos. Ambos os tipos precisam se unir para formar o zigoto, célula diploide que dará origem a um novo indivíduo.

As células sexuais são geradas em tecidos especializados chamados gônadas. As gônadas das mulheres são os ovários, e dos homens os testículos. A morfologia dos espermatozoides é bem característica, de fácil reconhecimento, pois possui uma cabeça, onde está o material genético, e uma longa calda, que a proporciona mobilidade.

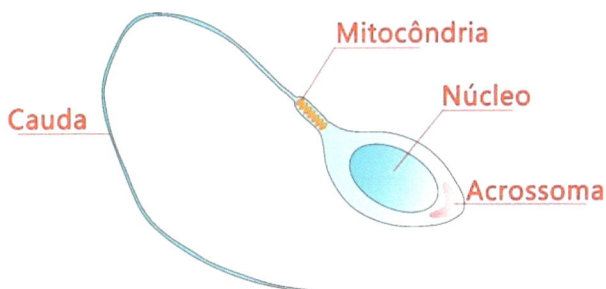

A cabeça do espermatozoide possui aspecto pontiagudo, onde, bem próximo à ponta, contém substâncias que irão ser

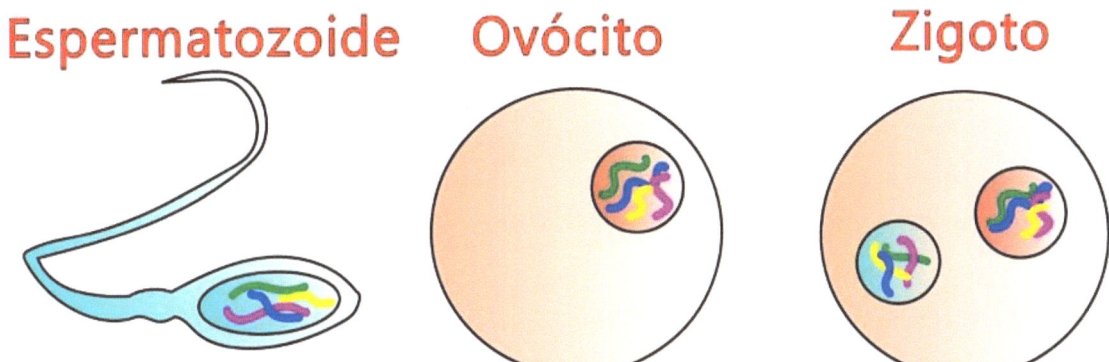

liberadas quando em contato com o ovócito, permitindo sua penetração. Esta região é chamada de acrossoma. Entre a cauda e a cabeça há uma região rica em mitocôndrias, que fornece energia para que a cauda do espermatozoide permaneça ativa.

Já o ovócito, possui aspecto redondo, e é circundado por algumas camadas que deverão ser penetradas por um único espermatozoide, para correta fertilização. A camada mais exterior do ovócito é a coroa radiada, também chamada de corona radiata, que se consiste em um agrupamento de células foliculares que normalmente formam duas ou três camadas, fornecendo proteínas vitais ao ovócito.

Logo após a camada coroa radiada, temos a zona pelúcida, grossa camada composta por glicoproteínas de alta especificidade, tendo como função principal o impedimento da polispermia, que se consiste na penetração de mais de um espermatozoide no ovócito. A zona pelúcida consegue impedir outras penetrações porque sua estrutura química é alterada assim que o primeiro espermatozoide consegue adentra-la. Após atravessar a zona pelúcida, o espermatozoide tem contato com o espaço perivitelino, este sendo considerado pela maioria das literaturas como a membrana real da célula, que é invadida facilmente pelo espermatozoide, possibilitando que os materiais genéticos se encontrem.

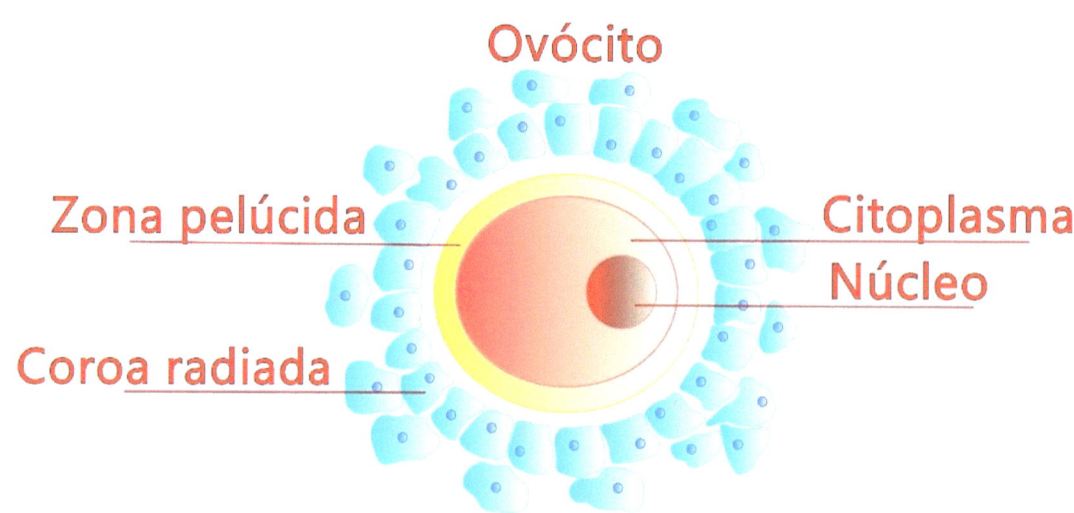

Capítulo 2 – Histologia

2.1 – Conceito e tipos de tecido

No capítulo anterior tivemos a oportunidade de conhecer vários tipos de células, dos principais grupos celulares: Células do sangue, células da musculatura, células de defesa, etc. Células diferentes estão num mesmo tipo de conjunto, como no sangue, porque diversas funções devem ser exercidas, portanto há uma variedade de células, cada uma com sua especialidade, mesmo fazendo parte de um mesmo conjunto ou um mesmo tecido. Tecidos são como chamamos essa junção, a junção de células e material extracelular, que formam uma estrutura funcional, muitas das vezes um órgão, portanto o tecido cardíaco, por exemplo, terá as suas células e as suas próprias características microscópicas. Graças a tais características de cada tecido é possível identifica-las microscopicamente, mesmo quando não sabemos a procedência do que está sendo visto. Sabendo disso, iremos agora tomar consciência dos principais tecidos do corpo humano e seus conceitos.

Tecido nervoso

Tecido conjuntivo

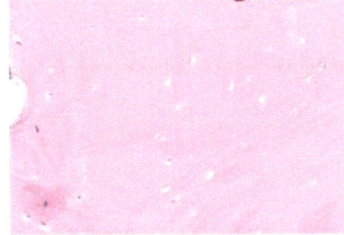

Tecido muscular

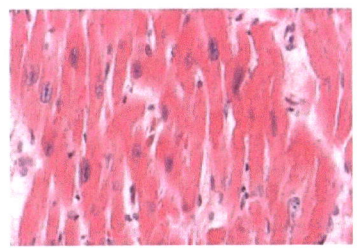

Tecido epitelial

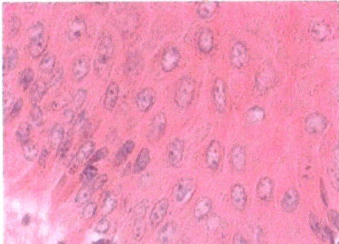

Capítulo 2 – Histologia

Tecido epitelial

Estrutura formada por células justapostas com pouca substância extracelular entre elas. Não é vascularizado, e suas células são nutridas através de tecidos subjacentes. A estrutura do tecido epitelial é esquematizada para que seja um tecido de revestimento, servindo como barreira entre o meio interno e o meio externo. Um tipo de tecido epitelial é a pele. Algumas características do tecido epitelial variam, e essas variações são importantes para classificarmos o tipo do tecido epitelial em questão. O formato das células e a quantidade de camadas de células são os critérios observados para denominarmos um tecido epitelial.

Dependendo do formato das células, chamamos o tecido epitelial de pavimentoso, cúbico ou cilíndrico, e dependendo da quantidade de camadas, chamamos de simples (quando há uma única camada) ou estratificado (mais de uma camada). Há casos que haverá células de diferentes formatos e camadas desregulares, em tais casos usamos a classificação "tecido epitelial de transição" para descrevermos um tecido com células de diferentes formatos, e "tecido epitelial pseudoestratificado" quando não é possível distinguir a existência de uma única camada ou mais.

Pavimentoso simples

Cúbico simples

Cilíndrico simples

Pavimentoso estratificado

Cúbico estratificado

Cilíndrico estratificado
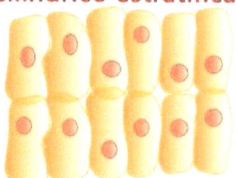

Transição

Pseudoestratificado

Capítulo 2 – Histologia

Tecido nervoso

O tecido nervoso é toda a estrutura que compõe o sistema elétrico-químico do corpo humano. Em outras palavras, são as estruturas desde matriz extracelular a células específicas, relacionadas ao nosso funcionamento nervoso, que nos permite interpretar tudo que capitamos com nossos sentidos, além de nos possibilitar ações voluntárias. Além da matriz extracelular, há dois tipos de células no tecido nervoso: os neurónios e as células da glia.

por sua cor, o que chamamos de substância cinzenta e substância branca. A diferença na coloração se deve a predominância de mielina e axônios (no caso da coloração branca), e corpos celulares (no caso da coloração cinza).

Não é comum na literatura a divisão do tecido nervoso em subtipos, mas alguns autores chegam a separar o estudo das estruturas aferentes das eferentes, sendo estes os conceitos relacionados ao sentido dos impulsos elétrico-químicos.

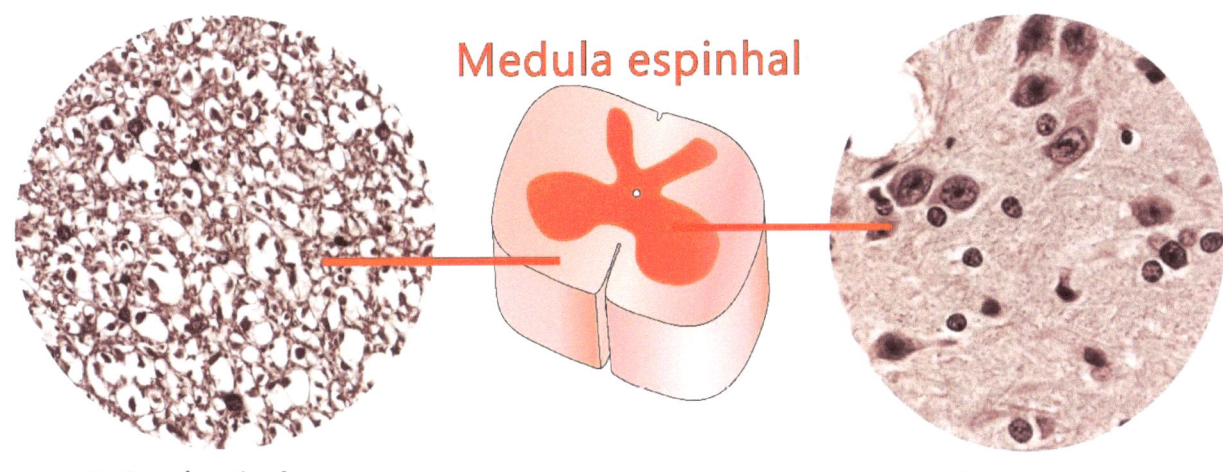

Substância branca — Medula espinhal — Substância cinzenta

Cada um dos tipos possui subtipos celulares, ambos os tipos celulares são comentados mais detalhadamente no capítulo anterior, células nervosas (citologia). Algumas partes do tecido nervoso, quando vista macroscopicamente, são distinguíveis

Tecido muscular

Já nos foi apresentado no capítulo anterior a morfologia das células musculares e seus subtipos: esquelético, cardíaco e liso. Cada subtipo do tecido muscular possui características únicas, porém todos eles apresentam características em comum que nos possibilita identifica-los como musculatura. A capacidade de contração é a principal delas, todos os tecidos musculares possuem tal capacidade.

O que nos possibilita identificar uma musculatura de imediato numa microscopia é a características das células em forma de filamentos, comumente chamadas de fibras musculares, além de também possuírem núcleo. É importante ter consciência que o aspecto filamentoso das células é um fato, independente das características das células vistas em uma microscopia, pois dependendo do corte feito na musculatura para observação, como por exemplo num corte transversal, o que será visto na microscopia será células circulares, o que não significa que elas realmente sejam.

Além da identificação do tecido como muscular, há também a possibilidade de identificar se trata-se de uma musculatura esquelética, cardíaca ou lisa. As primeiras coisas que devem ser observadas são: O aspecto do filamento, se é um filamento contínuo e uniforme, se os filamentos se dividem ou se unem com outros, e se há a característica de células estriadas (características que os filamentos apresentam cortes em todo prolongamento). A musculatura lisa não apresenta aspecto estriado (por isso o nome), e seus filamentos não são contínuos, tendem a se afinar com o decorrer do prolongamento. Já a musculatura esquelética, possui aspecto estriado, e seus prolongamentos são mais contínuos e uniformes, mantendo sua espessura no decorrer dos filamentos. Além disso, a musculatura esquelética e a lisa não possuem a características de filamentos que se multiplicam e de conectam uns aos outros, mas tal característica é notada na musculatura cardíaca. Além disso, a musculatura cardíaca também apresenta aspecto estriado. Para melhor compreensão, sugiro a observação das imagens do capítulo anterior (citologia: células musculares).

Capítulo 2 – Histologia

Tecido conjuntivo

No capítulo sobre citologia foi citado muitos tipos celulares que fazem parte do tecido conjuntivo. É um tipo de tecido muito abrangente, que possui como característica principal a riqueza de matriz extracelular e vascularização. Possui funções como preenchimento, sustentação, armazenamento de substâncias, defesa e transporte. Osteoclastos e hemácias, por exemplo, são células completamente diferentes, a primeira faz parte dos ossos e a segunda do sangue, ainda assim, ambas fazem parte do tecido conjuntivo. Por conta de tais variedades, o tecido conjuntivo é dividido em subtipos, para que haja maior clareza e semelhança entre os componentes de cada subtipo.

Primeiramente podemos dividir o tecido conjuntivo em dois tipos, um tipo comum, também chamado de "propriamente dito", e o tipo especial. No tecido propriamente dito estão incluídos os tecidos conjuntivos frouxo e denso. A diferença entre eles é que o frouxo é constituído de pouca matriz extracelular, com muitas células e poucas fibras, enquanto o tecido denso possui grande quantidade de matriz extracelular, com predominância das fibras colágenas.

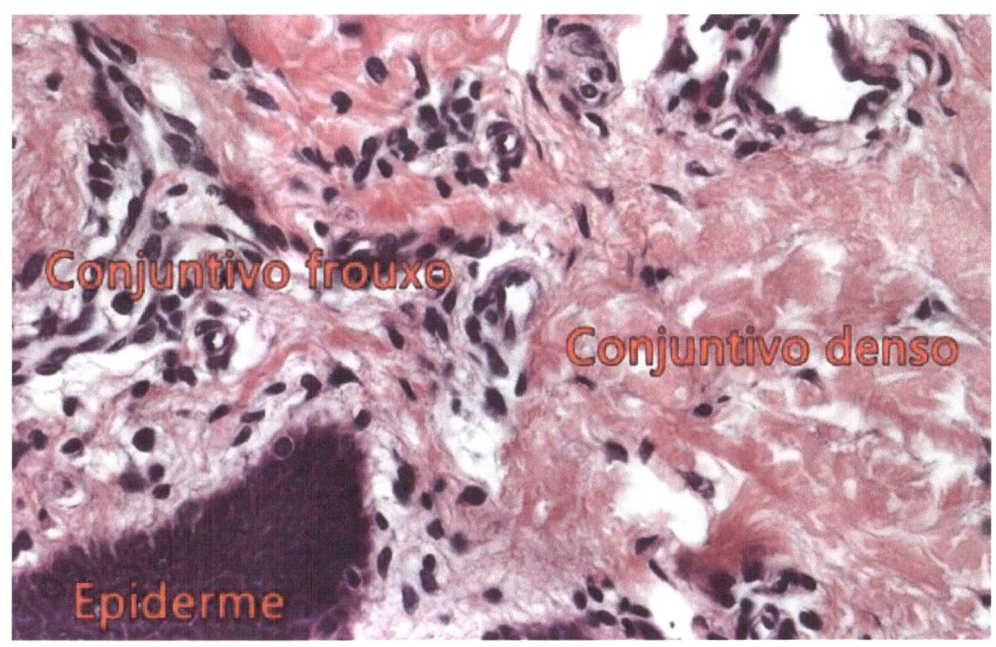

Além disso, o tecido conjuntivo denso pode ainda ser classificado como modelado ou não modelado, dependendo da disposição das fibras no tecido, como mostrado na imagem seguinte:

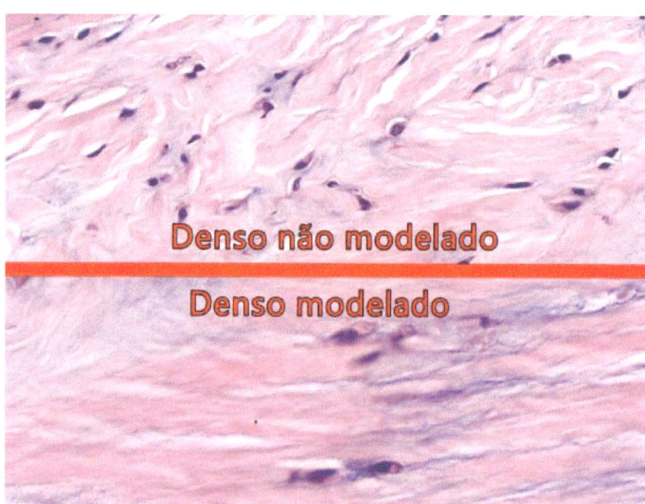

Assim encerramos a explicação do primeiro tipo de tecido conjuntivo, o tecido conjuntivo propriamente dito. Podemos agora falar do tecido conjuntivo especial, que se consiste em tecido adiposo, elástico, reticular, mucoso, cartilaginoso e ósseo.

O **tecido conjuntivo adiposo** possui o predomínio de adipócitos, tipo celular capaz de acumular gordura, já discutido no capítulo anterior sobre células gordurosas. O tecido adiposo é facilmente reconhecido por possuir lacunas vazias quando visto na microscopia:

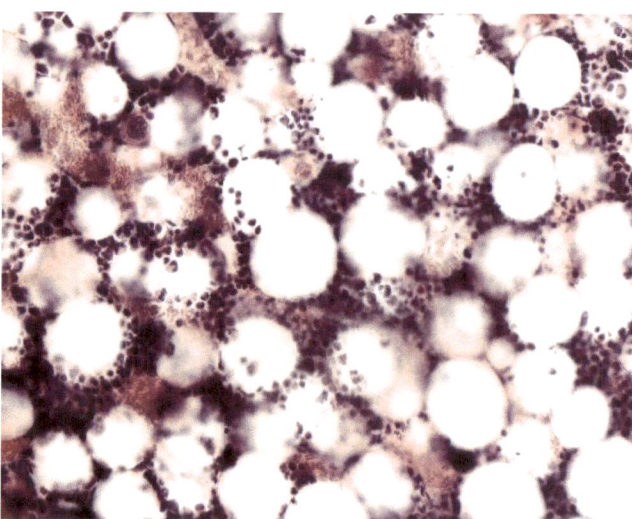

(Kit Lâminas preparadas para Histologia Digilab)

Já o **tecido conjuntivo elástico**, é um tecido composto por uma rede ou uma única fibra fina, estando em paralelo com outros tecidos, muitas vezes separados entre si por tecido conjuntivo frouxo. É encontrado principalmente nos ligamentos da coluna vertebral e nas paredes de alguns vasos sanguíneos. Sua função é manter a forma do corpo e fornecer suporte interno. É facilmente distinguível na microscopia pelo seu aspecto que muitas vezes se assemelha a microvilosidades.

do baço, e nos sinusóides hepáticos. Microscopicamente não possuem o reconhecimento fácil por possuírem grandes variações dependendo da origem da amostra. No caso das fibras reticulares encontradas nos nódulos linfáticos, elas predominam no estroma, contribuindo com a sustentação do tecido, como mostrado na imagem seguinte:

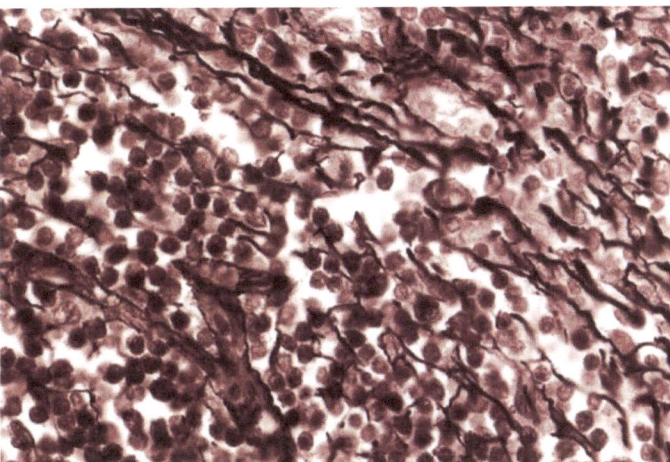

(Kit Lâminas preparadas para Histologia Digilab)

O próximo tecido conjuntivo especial é o **conjuntivo reticular**, composto de células muitas vezes de formas estreladas, com extensões celulares unidas para formar uma malha com aspecto tridimensional. As fibras reticulares são feitas de fibras colágenas muito finas e predominam na medula óssea, no nódulo linfáticos

Já o **tecido conjuntivo mucoso**, apresenta um predomínio absoluto de substância fundamental amorfa (SFA), e é encontrado no cordão umbilical, na polpa dentária em formação, e no humor vítreo do globo ocular. A SFA é constituída de água, glicosaminoglicanos, proteoglicanos, proteínas multiadesivas e alguns polissacarídeos como o ácido hialurônico. O tecido conjuntivo mucoso é composto por células semelhantes a fibroblastos, que também podem ser de fuso ou estreladas. Tais células produzem a substância gelatinosa circundante (geléia de Wharton) e delicadas fibras colágenas e reticulares. Microscopicamente este tecido é facilmente reconhecido como tecido conjuntivo, devido a grande matriz extracelular, porém a identificação deste tecido como mucoso nem sempre é uma tarefa fácil, requerendo do observador certa experiência e prática:

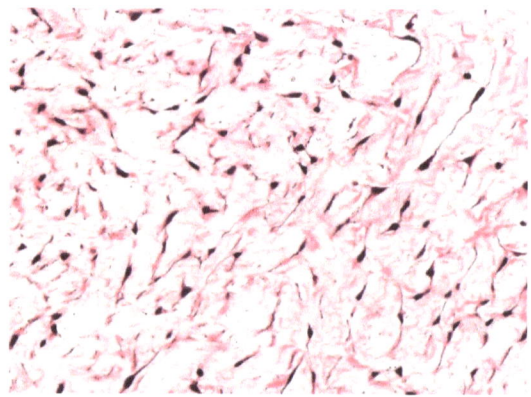

O próximo tecido conjuntivo especial é o **tecido conjuntivo cartilaginoso**. É uma forma de tecido conjuntivo mais rígido, que possui uma cicatrização lenta por ser avascular. Sua coloração varia de branco a acinzentado, porém pode sair deste padrão quando tingido por reagentes mais específicos. Suas funções são de suporte aos tecidos moles e revestimento de superfícies articulares, onde absorvem choques e facilitam o deslizamento dos ossos na articulação. Há tecido cartilaginoso nas superfícies articulares dos ossos e também em locais como na orelha e na ponta do nariz. As células do tecido cartilaginoso são os condrócitos e condroblastos (condrócitos jovens). No tecido cartilaginoso não existem vasos sanguíneos, nervos e vasos linfáticos, sua nutrição acontece através do contato com o líquido sinovial. O tecido conjuntivo cartilaginoso é composto por células, fibras proteicas, substâncias intercelulares e condrina (substância mucopolissacarídea com consistência de borracha).

Além disso, o tecido conjuntivo cartilaginoso é comumente dividido em três tipos: Hialino, fibroso e elástico. Suas características e suas origens são as seguintes:

Cartilagem hialina: Possui moderada quantidade de fibras colágenas. Forma o primeiro esqueleto do embrião que, depois, é substituído por osso. Mesmo assim, alguns locais dos ossos ainda mantêm esse tipo de cartilagem. Ela é a mais abundante do corpo humano. É encontrada no disco epifisário, fossas nasais, brônquios e na traqueia.

Cartilagem fibrosa: Apresenta abundante quantidade de fibras colágenas. É encontrada nos chamados discos intervertebrais, meniscos, e na sínfise púbica. Este tipo de cartilagem suporta altas pressões.

Cartilagem elástica: Possui pequena quantidade de colágeno e grande quantidade de fibras elásticas, garantindo uma maior mobilidade. É encontrada no pavilhão auditivo, no conduto auditivo externo, na epiglote, na tuba auditiva e na laringe.

Microscopicamente, o tecido cartilaginoso possui uma identificação razoavelmente fácil. Suas células costumam ter o citoplasma bem delimitado e claro, o que torna a visualização bem nítida. A diferenciação de condrócitos e condroblastos também é possível, já que os condrócitos tendem a estar isolados por matriz cartilaginosa, e os condroblastos são menores, e estão comumente próximos aos outros, como na imagem:

Já no **tecido conjuntivo ósseo**, podemos perceber algumas semelhanças, a principal, é claro, a semelhança entre todos os tecidos conjuntivos, que é a rica matriz extracelular. A matriz do tecido ósseo é composta de matéria orgânica (20%), água (15%) e minerais (65%), o cálcio e fósforo são os minerais predominantes. Outra semelhança são as células que tendem a produzir matriz extracelular, ficando cada vez mais isoladas, como as do tecido cartilaginoso. São três tipos celulares no tecido ósseo (algumas literaturas citam 4): Osteoclasto, osteoblasto e osteócito. Tais células são distinguíveis na microscopia através da observação de tamanho, região que se encontra, e grau de isolamento. Os osteoblastos são as células que produzem a matriz óssea, eles tendem a estar nas periferias do tecido e se adere à matriz cada vez mais, até se tornar um osteócito, que seria, de forma teórica, um osteoblasto isolado após intensa produção de matriz óssea.

O osteoclasto, por sua vez, é uma célula bem diferente, ele digere a matriz óssea possibilitando que a matriz esteja em constante renovação. Os osteoclastos são células grandes e multinucleadas, por isso de fácil reconhecimento.

Algumas literaturas consideram 4 tipos de células porque classificam alguns osteoblastos como células de revestimento, estes sendo osteoblastos aderidos a outros osteoblastos na periferia, formando uma "parede", ou uma "camada" a mais no tecido. Portanto tais osteoblastos podem ser referidos como células de revestimento, sendo esse o 4° tipo celular ósseo.

As funções do tecido ósseo são: Alojar e proteger a medula óssea, servir como depósito de cálcio, fosfato e outros íons, possibilitar a estrutura

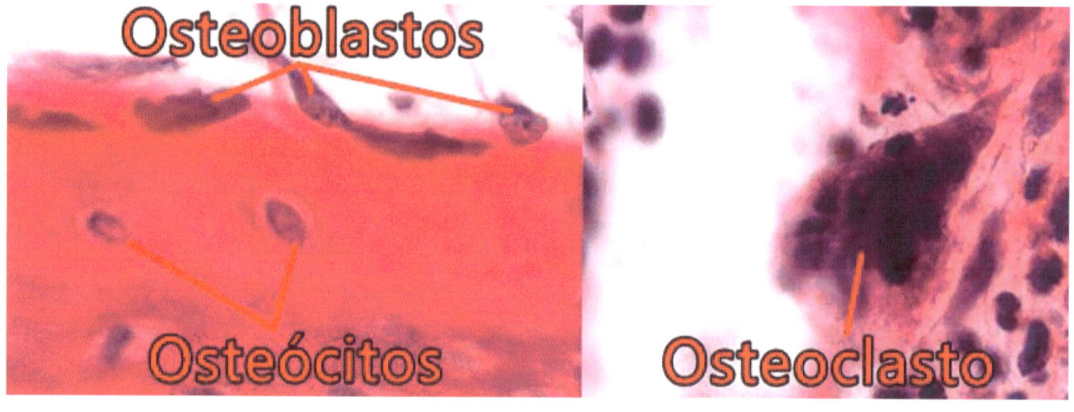

humana através do esqueleto, proteger órgãos vitais, suportar os movimentos musculares, dar suporte para tecidos moles, e absorver toxinas e metais pesados para minimizar a toxicidade nos outros órgãos. E, ao contrário do que alguns leigos acreditam, o tecido ósseo é inervado e vascularizado.

Uma característica microscópica importante na observação do tecido ósseo é a visualização de estruturas que lembram uma célula, por ser delimitada e ter um suposto núcleo, mas são, ainda assim, totalmente diferentes das demais células vistas. Tais estruturas podem enganar leigos, mas são facilmente distinguíveis por critérios como tamanho, aspecto e cor.

Essas estruturas são os canais de Havers, e não são células, são formações elípticas por onde passam vasos sanguíneos e células nervosas. Além dessa estrutura, podemos também observar o canal de Volkmann, que é equivalente ao canal de Havers, porém de forma horizontal. O canal de Volkmann é visto como uma estrutura mais corada em forma cilíndrica, como mostrado na imagem seguinte.

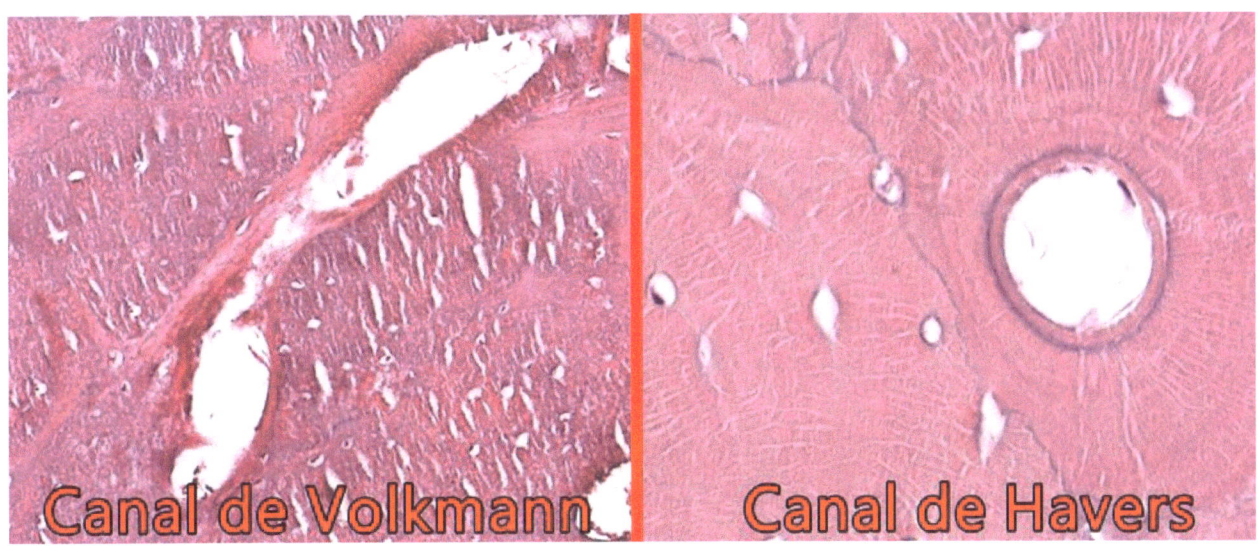

Capítulo 2 – Histologia

2.2 – Histologia dos órgãos

Apesar de órgãos compartilharem algumas características iguais, como a presença de tecido muscular liso, no caso do estomago e do intestino, algumas características microscópicas podem ser evidenciadas para diferenciação dos órgãos, tornando-as achados exclusivos dos órgãos em questão. Para encerrar o capítulo de histologia, falaremos agora sobre as características microscópicas de alguns órgãos ainda não abordados: Pulmão, rim, intestino (delgado e grosso), fígado, estômago, pâncreas, timo, baço, tireoide, testículo e, por fim, ovário.

Pulmão

É revestido por uma pleura visceral, comumente descrita como membrana serosa. Mais internamente, em seu parênquima (espaço entre a epiderme e os tecidos condutores), há estruturas chamadas de brônquios, estruturalmente muito parecidas com a traqueia. Os brônquios se ramificam várias vezes, se tornando cada vez mais finos, com estruturas cada vez menos semelhantes à traqueia. Suas últimas ramificações, as mais finas, são chamadas de bronquíolos, e suas delimitações são constituídas apenas de musculatura lisa. Os bronquíolos se estendem até a formação de estruturas chamadas de alvéolos, que possui contato direto com vasos sanguíneos, e lá acontece as trocas gasosas. Na histologia pulmonar, o mais importante é a identificação dessas estruturas descritas: brônquio, bronquíolos e alvéolos.

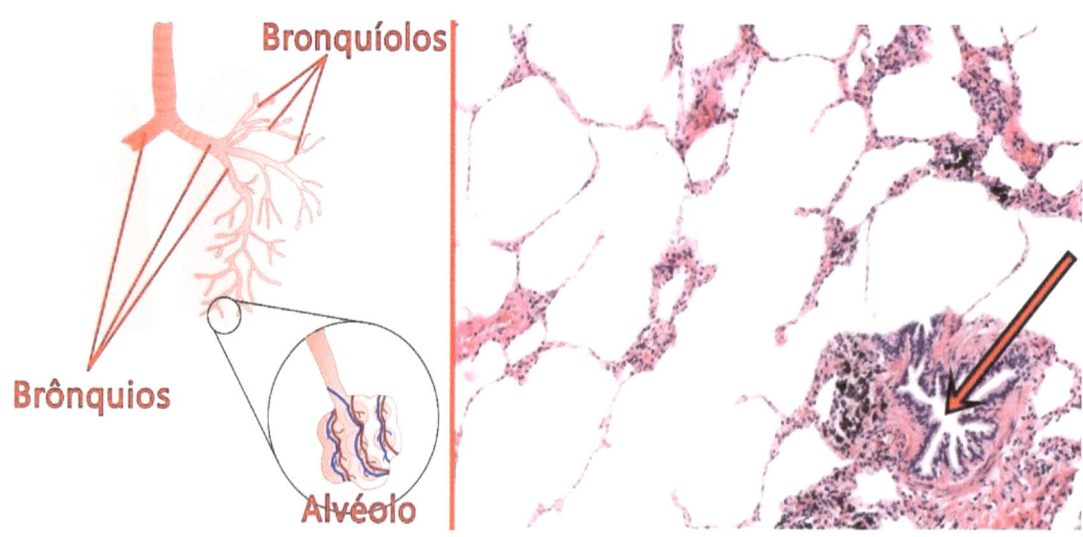

Na imagem acima é possível ver a característica esponjosa das lâminas de pulmões. Os espaços brancos, com exceção do espaço indicado pela seta vermelha, são os alvéolos. Toda parte clara da lâmina é o espaço que há transição de ar, que se expande e encolhe. A seta vermelha está indicando o lúmen de um bronquíolo, sendo o espaço por onde passa o ar conduzido para alcançar os alvéolos.

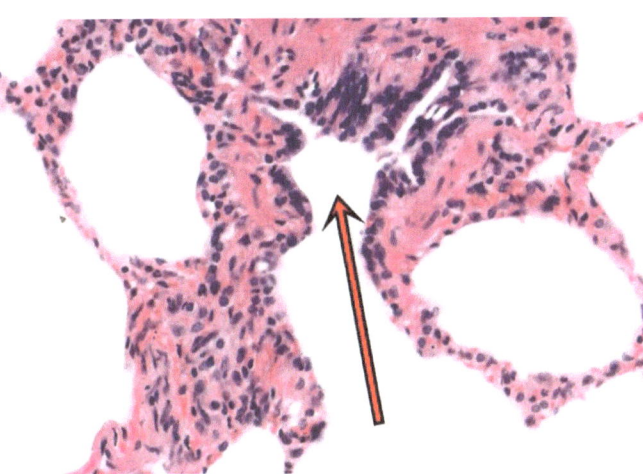

Novamente uma imagem evidenciando o lúmen de um bronquíolo, desta vez um bronquíolo terminal (seta vermelha). Os bronquíolos terminais possuem como característica um lúmen aberto que se conecta aos alvéolos e perde seu tecido epitelial gradativamente. O ar inspirado passa pelo lúmen dos bronquíolos e enche os sacos alveolares. Como visto, as frequentes regiões brancas e o aspecto esponjoso é o que nos proporciona identificar um tecido pulmonar.

Rim

Cada rim consiste de córtex, medula e cálices. Tais estruturas podem ser identificadas macroscopicamente desde que o corte do rim seja possível. Microscopicamente, a estrutura mais importante na identificação de um tecido renal é o glomérulo. Glomérulos são partes de uma estrutura também microscópica, os néfrons. Os néfrons são as principais unidades funcionais dos rins, onde acontece a filtragem e a reabsorção do filtrado.

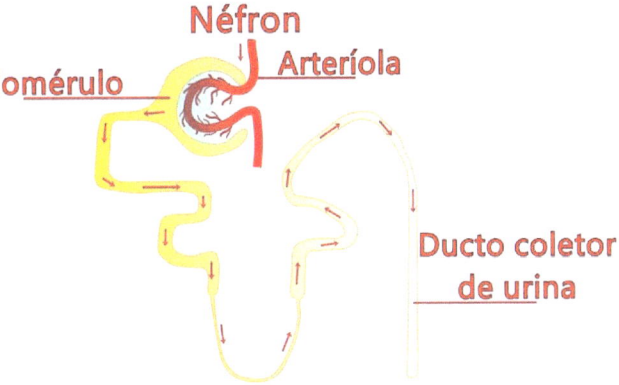

O glomérulo, indicado na imagem, é a região do néfron que acontece a filtração. É composta por um ramalhete de capilares circundados por uma membrana denominada cápsula de Bowman. Os glomérulos são as estruturas de mais fácil identificação na histologia renal. Vejamos o porquê:

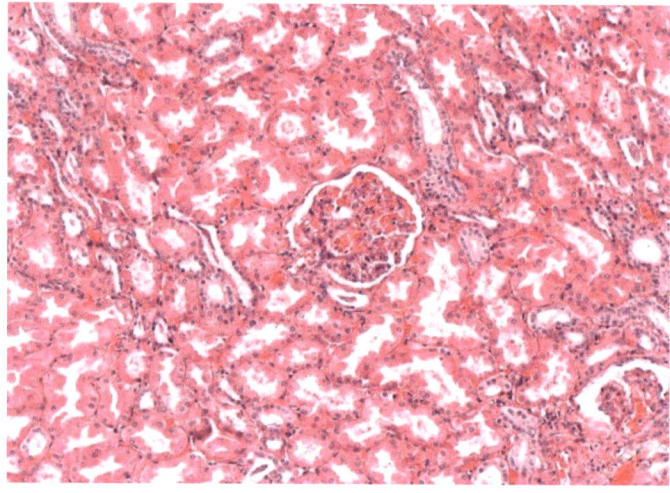

Microscopicamente, em um aumento de 10x, já é perceptível estruturas isoladas que se diferem do resto predominante do tecido, como visto no centro da imagem acima. Tais estruturas são os glomérulos, e tendem a ter sempre as mesmas características: Emaranhado de células em uma lacuna, formando uma estrutura circular. Esses emaranhados de células são as células que formam as paredes dos vasos, e essas células são chamadas de podócitos.

Outras estruturas importantes do tecido renal são os túbulos renais. Os túbulos por onde passa o filtrado dos glomérulos podem ser vistos como regiões não coradas, por conta do lúmen que transita o filtrado. Essas regiões podem ter as mais variadas formas, já que podem ter os mais variados ângulos e direções, podendo ser filamentos retos, tortuosos, ou simplesmente circulares. É possível fazer a distinção de qual parte do néfron a estrutura tubular faz parte, observando o tipo celular que a compõe (seu epitélio celular). Porém é um trabalho que requer conhecimento prático, com observação minuciosa.

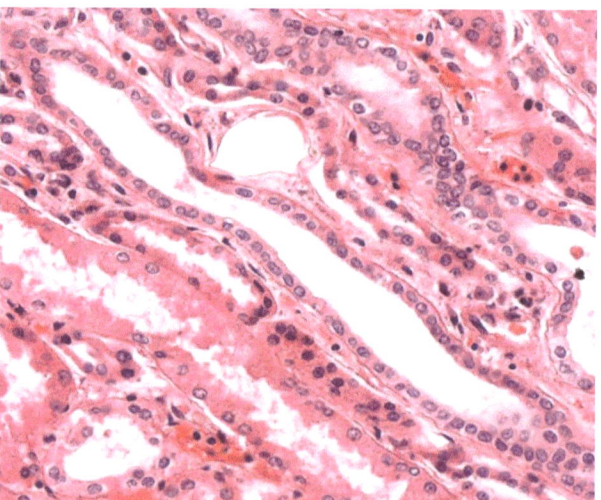

Podemos observar no centro da imagem abaixo um túbulo renal de formato cilíndrico com epitélio cúbico.

Podemos diferenciar um intestino do outro na microscopia observando principalmente sua camada mucosa. A característica da mucosa do delgado é

Intestino delgado

Tanto o intestino delgado quanto o grosso possuem as camadas mucosa, submucosa, muscular e serosa.

a presença de vilosidades, que são projeções alongadas da mucosa em direção ao lúmen.

A mucosa é revestida por um epitélio cilíndrico simples, onde se observam células absortivas (colunares) e células caliciformes. A mucosa é separada da submucosa por uma camada muscular, constituída por musculatura lisa. Sua submucosa é constituída por tecido conjuntivo denso e possui estruturas chamadas de glândulas de Brunner, sendo estas a principal estrutura na microscopia da submucosa.

Após a submucosa, há mais uma camada muscular, sendo esta mais extensa que a camada muscular que separa a mucosa da submucosa. Por fim, após a camada muscular, há uma camada serosa que reveste todo o externo do órgão.

As microvilosidades da mucosa, as glândulas de Brunner (vistos na submucosa), e as criptas de Lieberkuhn (glândulas da mucosa), são as principais estruturas na histologia do intestino delgado, porém as criptas de Lieberkuhn também são encontradas no cólon do intestino grosso. As criptas de Lieberkuhn são glândulas tubulares simples encontradas entre as vilosidades da mucosa.

Com uma objetiva de 4x é possível observar com clareza todas as camadas do intestino delgado antes de aprofundarmos nos detalhes. Identificando a camada submucosa (entre a mucosa e a muscular), podemos observar as glândulas de Brunner, como mostrado na imagem acima. Tais estruturas são formadas

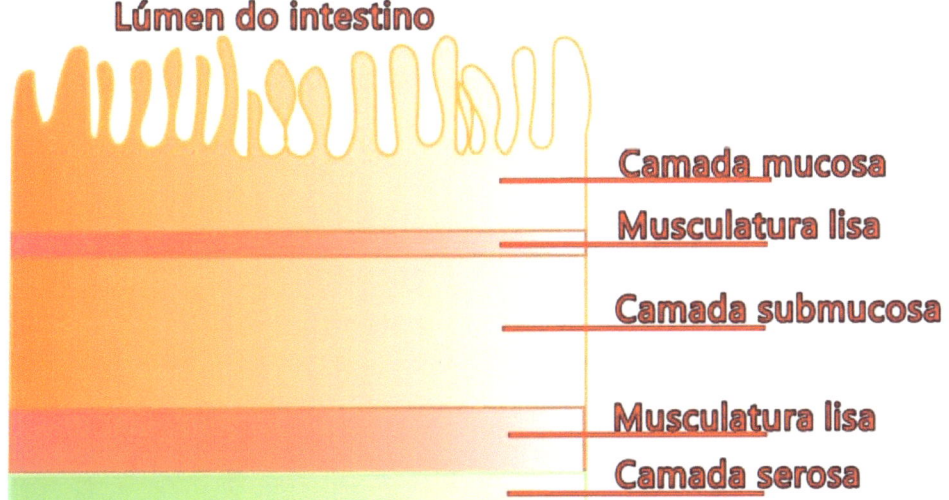

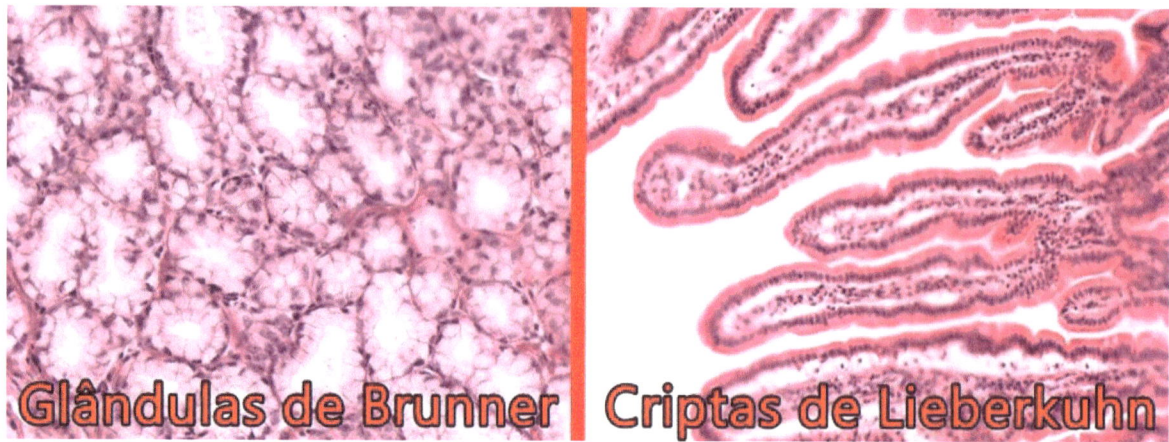

por células tubulares ou/e cúbicas, com núcleos na maior parte das vezes na periferia, e formam uma estrutura circular com um interior facilmente distinguível por se mostrar claro. A principal função das glândulas de Brunner é a secreção de um muco alcalino (contendo bicarbonato e urogastrona) que neutraliza o pH ácido dos alimentos (quimo) que chegam ao intestino, protegendo assim sua parede intestinal. As glândulas de Brunner são significativamente mais frequentes na região duodenal do intestino delgado. Já as células das criptas de Lieberkuhn, estas secretam diversas enzimas, como sucrase e maltase, e possuem células especializadas na produção de hormônios e enzimas de defesa.

Intestino grosso

Como no intestino delgado, o intestino grosso também é dividido em mucosa, submucosa e tecido muscular. Entre a camada mucosa e a submucosa também existe uma camada de musculatura lisa, discretamente mais espessa que a presente no intestino delgado. As glândulas de Lieberkühn, já descritas, também estão presentes na camada mucosa do intestino grosso, diferente das glândulas de Brunner, que já não estão mais presentes. As glândulas de Brunner são numerosas no duodeno, porém com o decorrer da extensão do intestino delgado as glândulas vão se tornando escassas, até ao ponto de não ser mais encontradas. Sabendo disso podemos entender o porquê de não podermos considerar logo de cara uma microscopia sem glândulas de Brunner como uma microscopia do intestino grosso. A principal característica que nos possibilitará diferenciar o intestino grosso do delgado é a atenuação das vilosidades na mucosa. Observe a microscopia a seguir deste texto e perceba que as vilosidades da mucosa são mais discretas e tendem a estarem ajustadas em uma mesma altura, além de terem uma superfície plana. Este é o principal indício para diferenciar o intestino grosso do delgado, e vice-versa.

formada por três tipos de ductos, um venoso, um arterial e um biliar.

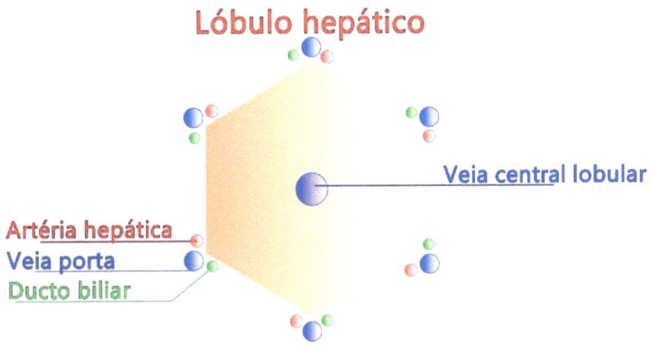

Entre o centro e as pontas do lóbulo hepático está todo o espaço funcional do fígado, constituído de muitas células, principalmente de hepatócitos (células exclusivas do fígado), e inúmeros canais por onde passa o sangue e a bile. Microscopicamente, a visualização das estruturas lobulares do fígado não é tão nítida como aprendemos pedagogicamente, por nem sempre estarem em uma geometria hexagonal precisa. Porém lâminas de fígado são de fácil reconhecimento por razão da forma que suas células são organizadas, lembrando cordões grossos interligados com presença de diversos ductos claros.

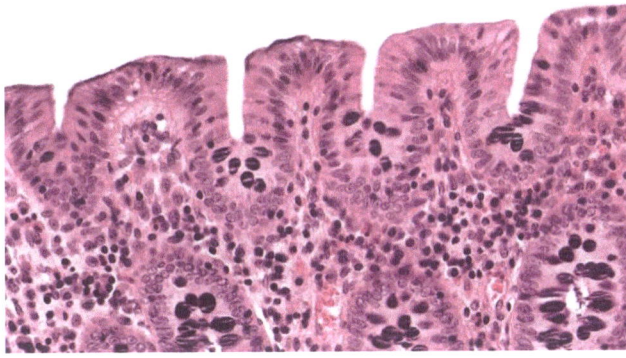

Fígado

Histologicamente, o fígado é formado por incontáveis estruturas de formas hexagonais, tais estruturas são chamadas de lóbulos hepáticos. No centro dessas estruturas há uma veia, comumente chamada de veia central lobular. E em cada ponta de sua estrutura (possui 6 pontas) há o que chamamos de tríade portal, ou tríade hepática. Uma tríade hepática é

Capítulo 2 – Histologia

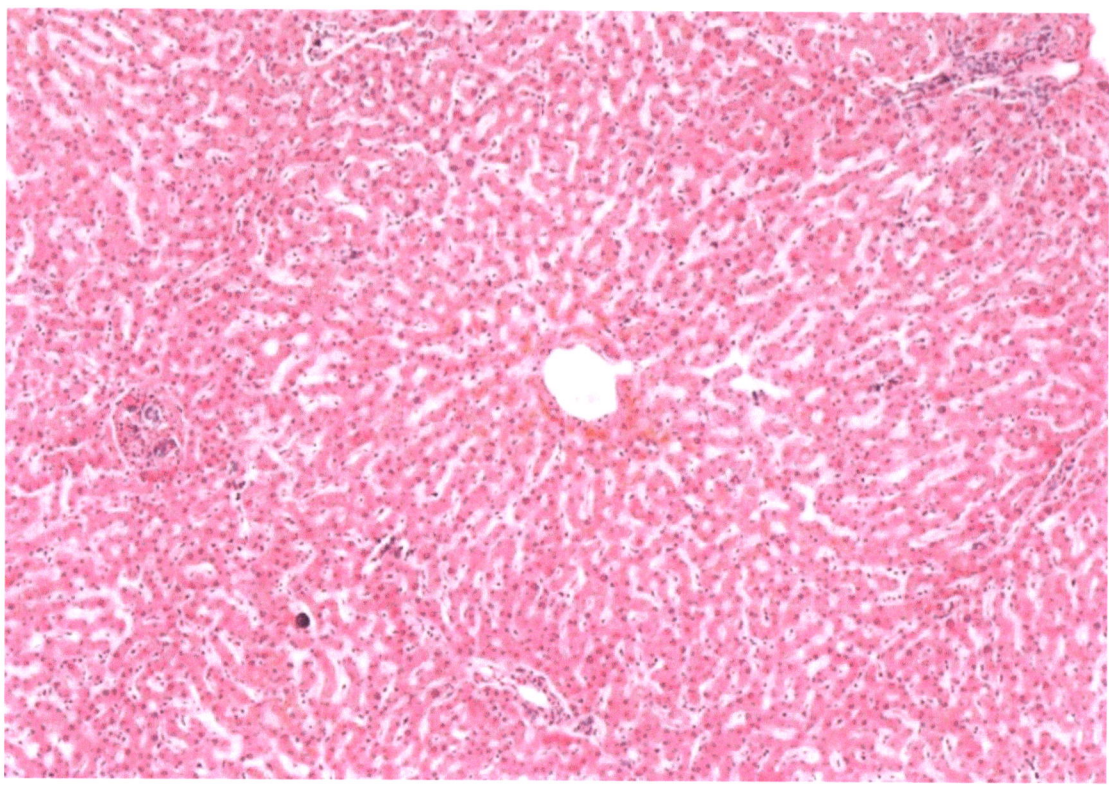

A imagem acima está focada em um único lóbulo hepático, onde no centro é possível ver a veia central lobular. A veia central e a tríade portal são facilmente encontradas em aumentos menores em lâminas de cortes transversais, pois identificando a veia central é possível seguir o percurso dos cordões hepáticos até as tríades.

Estômago

Como no intestino (e todo o trato gastrointestinal), o estômago também possui as camadas mucosa, submucosa, muscular e serosa, já discutidas anteriormente. Porém a camada mucosa do estômago forma invaginações, diferente do intestino delgado, que forma evaginações.

Capítulo 2 – Histologia

As aberturas que as invaginações formam são chamadas de fossetas gástricas. Há a presença de tecido conjuntivo na camada mucosa, e ela é separada da camada submucosa por uma pequena camada muscular lisa. Uma característica importante do estômago é a presença de pregas gástricas, que podem ser identificadas microscopicamente por invaginações da submucosa, e é perceptível macroscopicamente pela textura rugosa. Antes de verificar a lâmina, é importante também saber que o estômago histologicamente é dividido em três regiões: Cárdia (região em contato com o esôfago), fundo (corpo e fundo) e piloro (região em contato com o duodeno). Note que quando citamos "fundo" podemos estar nos referindo também ao corpo do estômago, esta sendo a maior região do estômago.

em vasos sanguíneos, como destacado na imagem seguinte por um traço verde. Posteriormente, em direção ao lúmen, temos uma fina camada de musculatura lisa e, em seguida, finalmente a mucosa do estômago (traço amarelo). A camada mucosa é revestida por células que produzem uma substância alcalina que as protege da acidez do suco gástrico.

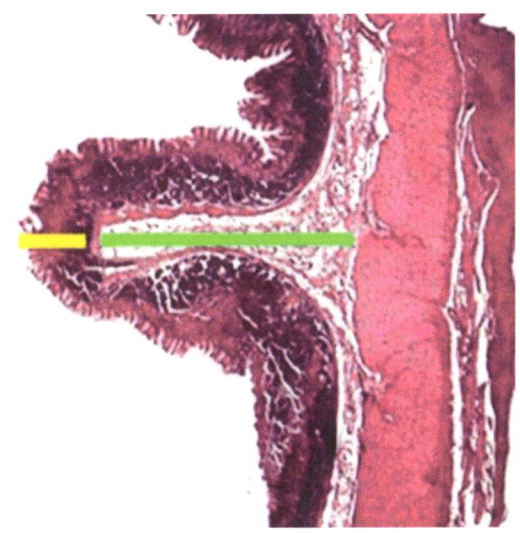

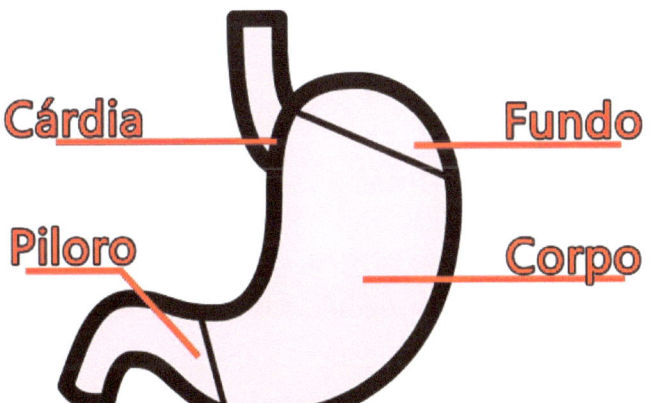

As pregas do estômago possuem um eixo central de camada submucosa rico

Mais internamente, ainda na mucosa, há dois tipos de células de extrema importância que se destacam por suas quantidades: As células parietais (avermelhadas quando coradas por H&E) e as zimogênicas (azuladas quando coradas por H&E). As células parietais também podem ser chamadas de células oxínticas, tais células são responsáveis pela produção de ácido gástrico e fator intrínseco. Já as células zimogênicas, também chamadas de

Capítulo 2 – Histologia

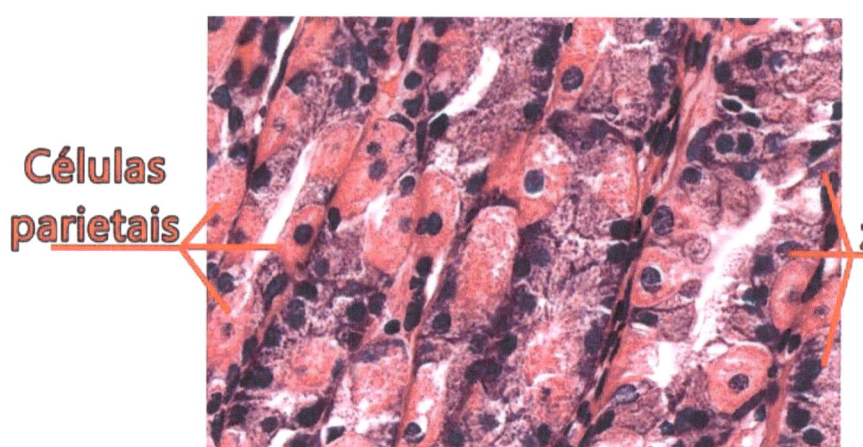

células principais, produzem uma enzima inativa (pró-enzima) chamada pepsinogênio, que irá, posteriormente, se tornar ativa e contribuirá para digestão de proteínas ainda no estômago.

Pâncreas

A principal estrutura histológica vista nas lâminas de pâncreas são as ilhotas de Langerhans. As ilhotas de Langerhans são a porção endócrina do pâncreas, onde é produzido hormônios como a insulina e o glucagon. O restante das estruturas, que circunda toda as ilhotas, é chamado de ácino, os ácinos formam as regiões exócrinas do pâncreas. Reconhecer uma lâmina como sendo uma lâmina pancreática é possível, desde que haja mais destreza nas interpretações, pois a grande quantidade de células e o aspecto de aglomeração são características também de outros tecidos.

As ilhotas de Langerhans são um amontoado de células especializadas que formam uma estrutura circular. Sob a coloração Hematoxilina & Eosina as ilhotas tendem a ser discretamente mais claras do que o restante do tecido pancreático. Além disso, a morfologia das células que compõem as ilhotas difere discretamente do restante das células do tecido, sendo perceptível por olhos atentos.

Uma característica também muito difundida nas lâminas de pâncreas é a coloração dos ácinos. Os ácinos existem em outros tecidos, pois a palavra "ácino" serve para caracterizar qualquer conjunto de células que se assemelham a bagos de uva. Porém os ácinos do pâncreas, obviamente, possuem especialidades exclusivas. Por conta de suas especialidades, é característico dos ácinos pancreáticos citoplasmas com coloração não

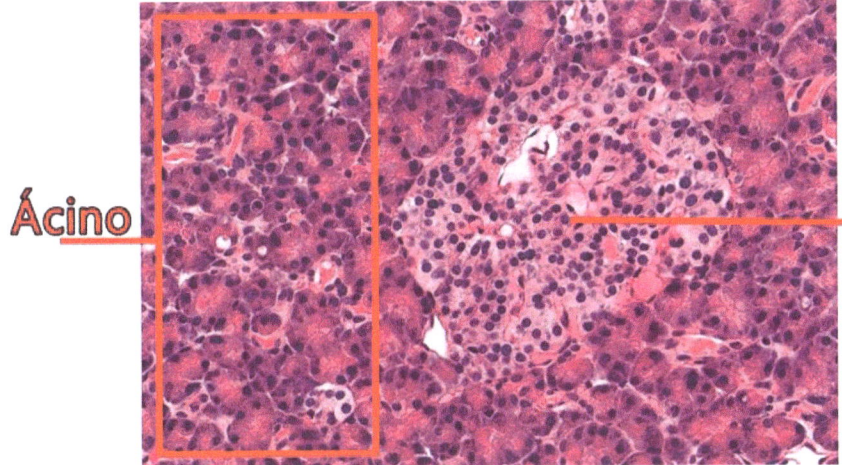

uniforme. Em um único ácino pode ser distinguível regiões mais e menos basofílicas (roxa).

Timo

O timo é uma glândula linfoide do sistema imunológico. No timo acontece a maturação de linfócitos T, por isso, histologicamente, é visto uma enorme quantidade desses linfócitos formando o parênquima do órgão. Na histologia do Timo podemos ver diversos lobos parcialmente desconectados uns do outros, os quais vão ter cada um o mesmo aspecto: Região central clara e região periférica escura. A diferença da coloração se deve principalmente pela quantidade de linfócitos presentes, onde a região periférica há maior número. Na imagem seguinte é possível distinguir os lobos, estando um deles circulado em vermelho.

Outra característica importante que ajuda a diferenciar histologicamente o timo de outros órgãos linfoides é a presença de uma estrutura chamada corpúsculo tímico (ou corpúsculo de Hassall), algumas vezes confundida com vasos sanguíneos. Tais estruturas são encontradas comumente nos centros dos lóbulos tímicos, são arredondadas e de coloração eosinofílica (rosada). O corpúsculo tímico é circundado por células epiteliais que produzem queratina e preenchem o centro da estrutura. Na imagem seguinte é apontado pelas setas.

Capítulo 2 – Histologia

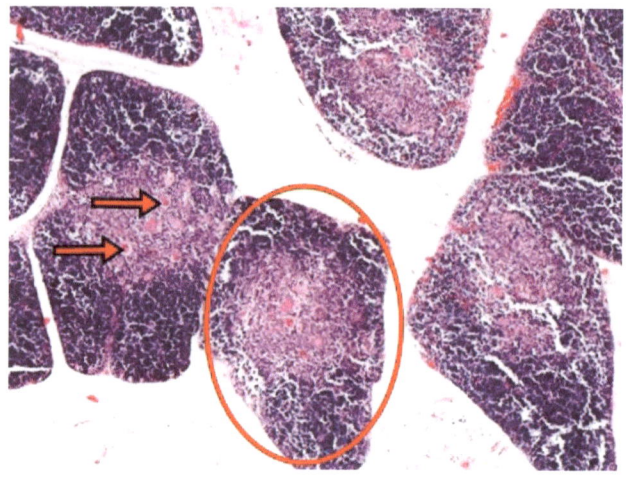

E abaixo é possível ver um único corpúsculo de Hassall, em aumento de 200x, corado por Hematoxilina & Eosina, no centro da imagem.

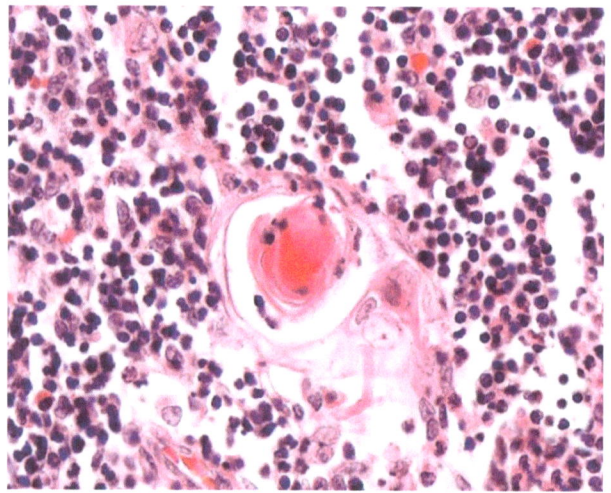

Baço

O baço é um órgão do sistema imunológico que, desde o período fetal ao nascimento, sofre bastante alterações morfológicas e de funções. Possui como principal função a hemocaterese, processo que se consiste na identificação e eliminação de hemácias velhas e/ou defeituosas. As principais estruturas do baço são as polpas esplênicas, estrutura que podem ser formadas principalmente por leucócitos (polpa branca) ou por vasos sanguíneos (polpa vermelha), tais estruturas podem ser vistas macroscopicamente.

Microscopicamente as polpas perdem a coloração vermelha/branca devido aos reagentes usados para coloração, mas ainda são identificáveis. As polpas brancas, quando coradas por hematoxilina e eosina, se mostram basófilas (roxas), devido a rica presença de linfócitos. Em outras palavras, as polpas brancas se consistem em regiões arredondadas, com intensa coloração púrpura (quando coradas com H&E), que se sobressaem perante o resto das estruturas.

Quanto as polpas vermelhas, é extremamente comum serem encontradas envolvendo as polpas brancas. Na microscopia, em lâminas coradas por H&E, elas se mostram como regiões rosadas. De modo geral, a microscopia do tecido esplênico (baço) se consiste em inúmeros linfócitos por toda a região, dando uma característica de pontinhos basófilos, e regiões rosadas, devido a presença de vasos sanguíneos e reações imunológicas. Na imagem abaixo é possível ver uma polpa esplênica branca bem no centro, esta rodeada por polpa esplênica vermelha.

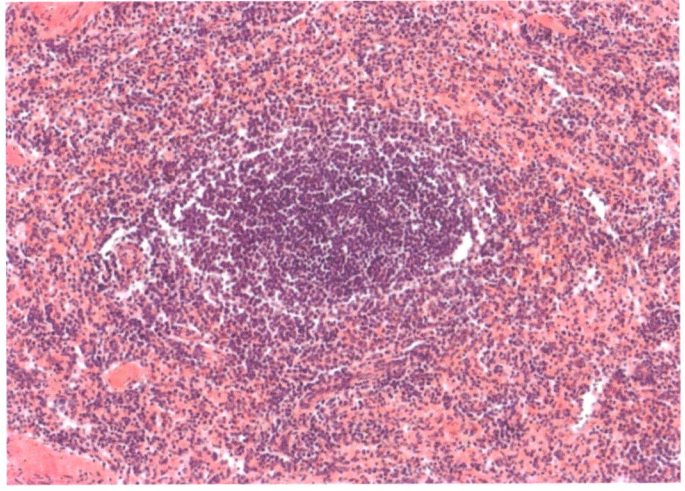

Tireoide

A tireoide é um órgão componente do sistema endócrino. Histologicamente, sua principal estrutura é o folículo tireoidiano, sendo um compartimento circular envolto por uma camada simples de células epiteliais. Dentro dos folículos tireoidianos há um composto homogêneo chamado coloide, onde há a presença dos hormônios tireoidianos conjugados a proteínas.

Lâminas coradas por hematoxilina e eosina apresentam o conteúdo dos folículos tireoidianos levemente rosado. O citoplasma das células que formam a parede do folículo também compartilha da mesma cor. Há também, no tecido, células que não participam da composição dos folículos tireoidianos, sendo chamadas comumente como células C, ou células parafoliculares. Tais células secretam calcitonina, hormônio que regula o metabolismo do cálcio.

É importante ressaltar que tais estruturas descritas aqui não correspondem às estruturas da paratireoide, esta tendo suas próprias particularidades, apesar de estar diretamente ligada à tireoide.

Na imagem abaixo é possível distinguir vários folículos tireoidianos com o composto coloide em seu interior. As células C compõem o restante da imagem.

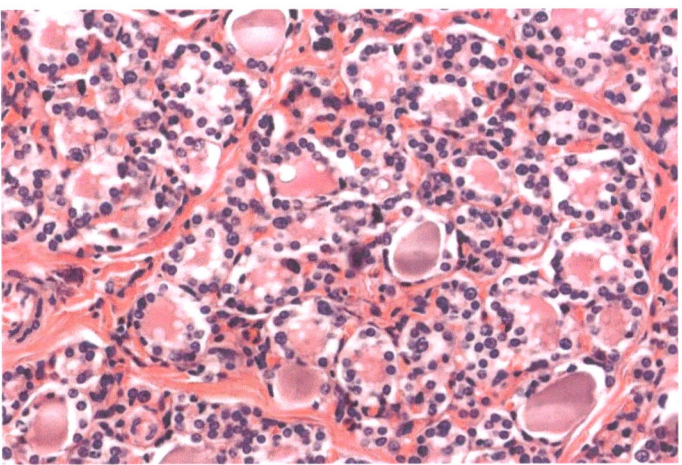

Capítulo 2 – Histologia

Testículo

Chamamos de testículos as gônadas masculinas, estas presentes em par na bolsa escrotal. São nas gônadas que acontecem as produções de gametas, no homem os gametas são chamados de espermatozoides.

Cada testículo se conecta a um cordão espermático que, na maioria dos homens, não apresentam simetria, sendo o cordão espermático esquerdo mais longo, fazendo com que o testículo esquerdo esteja um pouco mais abaixo quando comparado ao direito.

Internamente, o testículo possui centenas de lóbulos, que são equivalentes a repartições. Cada lóbulo é composto por incontáveis células especializadas na produção de espermatozoides e hormônios.

As células que produzem os espermatozoides se organizam em estruturas tubulares, sendo esses túbulos chamados de túbulos seminíferos. A formação do espermatozoide começa nas células presentes nas extremidades mais externas do túbulo e vão em direção ao lúmen (espaço interno do túbulo). À medida que as células vão alcançando o lúmen, elas vão se diferenciando, até alcançar a forma que conhecemos como espermatozoide. Tal diferenciação pode ser vista histologicamente, e são nomeadas dependendo de seu estágio evolutivo: Espermatogônia (1) → Espermatócito (2) → Espermátide (3) → Espermatozoide (4).

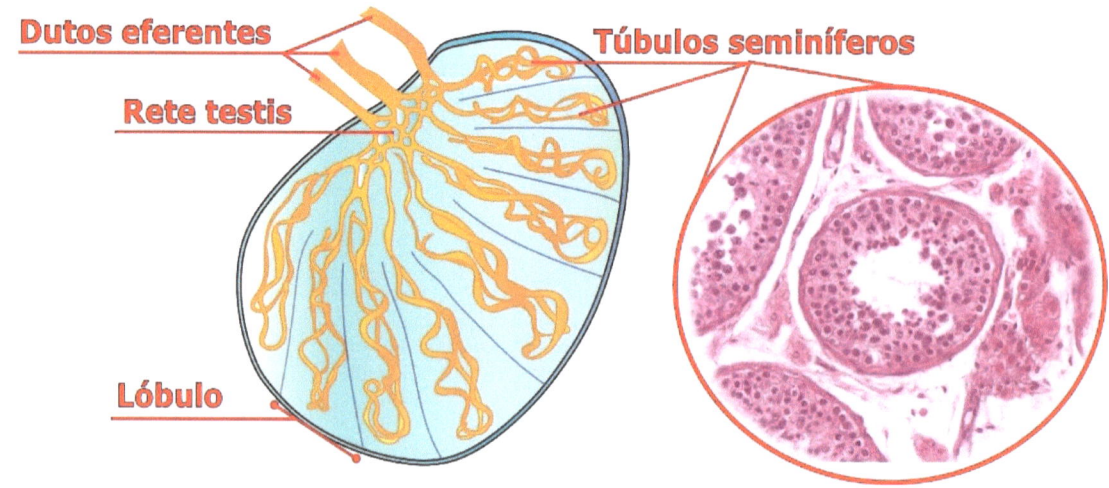

Capítulo 2 – Histologia

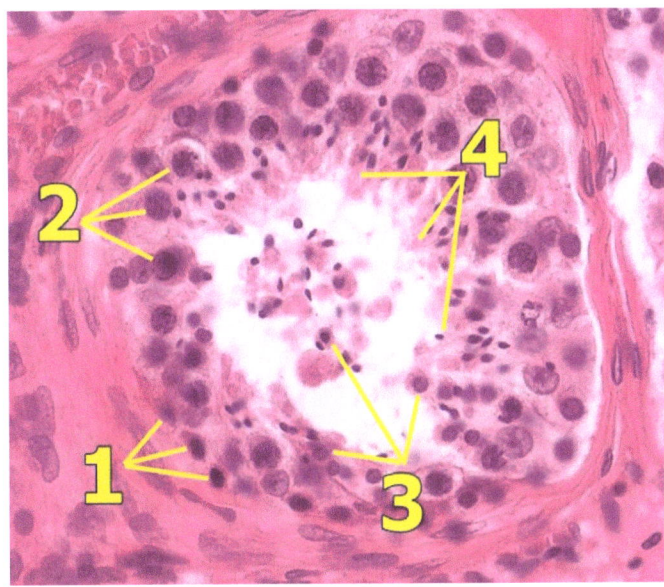

Entre os túbulos seminíferos há tecido conjuntivo e vasos sanguíneos. No tecido conjuntivo encontramos fibroblastos e células de Leydig. São as células de Leydig as responsáveis pela produção da testosterona, androstenediona, dehidroepiandrosterona, entre outros hormônios. A diferenciação das células do interstício testicular é difícil, e depende fortemente da qualidade da lâmina, pois as células de lâminas antigas, ou expostas a conservantes, comumente perdem a delimitação de suas membranas. As células de Leydig costumam ter membranas delimitadas e núcleos redondos, diferente dos fibroblastos que tendem a ter núcleos ovais e com citoplasmas de difícil delimitação, como visto na imagem seguinte. Basicamente, na histologia do testículo, os lóbulos e as células que os compõem, o interstício testicular e as células que o compõe, são os pontos mais importantes. Porém é importante ressaltar que o testículo é um órgão revestido por cápsulas, e em lâminas de boa qualidade poderemos encontrar tais cápsulas nas extremidades, inclusive podemos encontrar também camada muscular. Tal musculo é chamado de cremaster, e a camada fibrosa que reveste o testículo é chamada de túnica albugínea testicular.

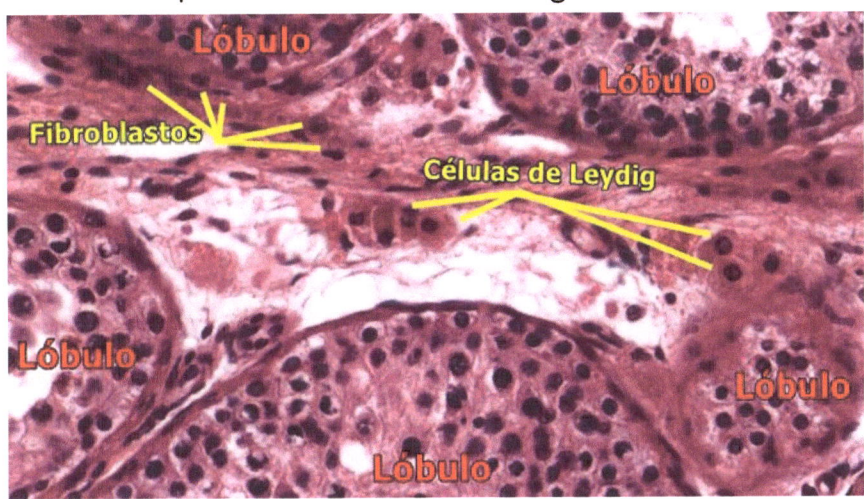

Ovário

Chamamos de ovário a gônada feminina, esta presente em par, cada uma em uma extremidade do útero. No útero, uma parte do ovário tem contato com a tuba uterina e a outra extremidade tem contato com o perimétrio uterino. Como a gônada masculina, a feminina também produz hormônios, além dos gametas. Os gametas gerados pelo ovário são chamados de ovócitos, porém é importante ressaltar que o que acontece dentro dos ovários, na verdade, é mais equivalente a um processo de amadurecimento e capacitação ovular, pois os ovócitos são formados durante a gestação da fêmea, e após seu nascimento a mulher não gera novos ovócitos, apenas os capacitam para que sejam liberados e alcancem o interior do útero.

Dessa forma, a mulher no decorrer da vida terá cada vez menos ovócitos, até ao ponto de não ter mais ovócito algum. A perda contínua de ovócitos não se deve apenas à ovulação, mas também a um processo natural chamado de atresia folicular, que nada mais é que a morte programada dos ovócitos.

Histologicamente, o ovário é dividido em região cortical e região medular. Região cortical é a região próxima da periferia, onde acontece a ovulogênese, que se consiste no amadurecimento dos ovócitos para que saiam do ovário e alcancem a tube uterina. Já a região medular é a região central do ovário, rica em vasos sanguíneos e nervos.

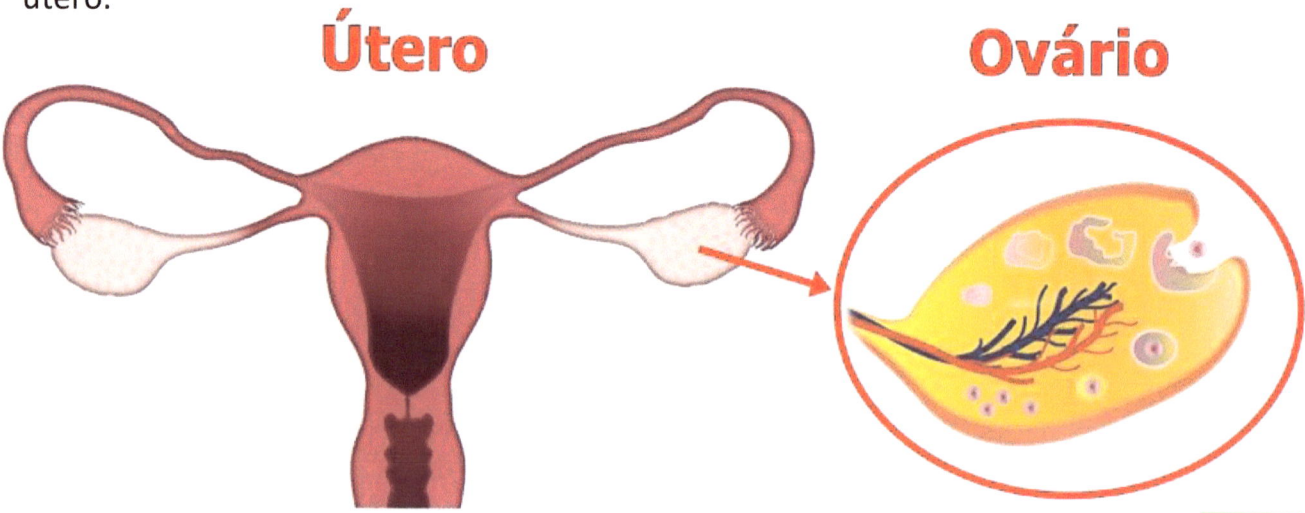

As regiões medular e cortical são de fácil reconhecimento, onde a região medular comumente se mostra mais pálida e a região cortical mais escura e espessa. Mesmo com objetivas de menor zoom já é possível identificar folículos em diferentes estágios de desenvolvimento na região cortical. É possível deduzir o estágio de desenvolvimento de um folículo pelo seu tamanho, que se consiste na dimensão do ovócito e do número de camadas de células foliculares. Em outras palavras, um folículo se consiste em um ovócito rodeado por células auxiliares, chamadas de células foliculares.

Um folículo pode ser classificado como primordial, primário, secundário e maduro. Os folículos primordiais nem sempre são perceptíveis em objetivas de menor aumento, são pequenos e com uma única camada de células foliculares. Os folículos primários são maiores que os primordiais e possuem muitas camadas de células foliculares. Em algumas literaturas, as camadas de células primordiais são chamadas de células da granulosa. Chamamos de folículo secundário quando o folículo começa a apresentar lacunas entre as células da granulosa, as lacunas se mostram comumente em coloração rosa pálido ou branco quando coradas por hematoxilina e eosina. Tais lacunas são chamadas de cavidades antrais, e o conteúdo de seu interior é composto principalmente por estrógeno, progesterona, inibina e OMI (fator inibidor da maturação do ovócito). Após o folículo secundário temos o folículo maduro, onde as cavidades antrais se unem e formam uma única cavidade, que se torna abrangente, ocupando quase todo o volume do folículo. O folículo maduro alcança seu tamanho máximo, e suas células da granulosa se tornam menos evidentes, havendo uma única faixa de células que conecta o ovócito ao resto da estrutura folicular, tal faixa de células é chamada de cumulus oophorus, e pode ser vista na imagem seguinte:

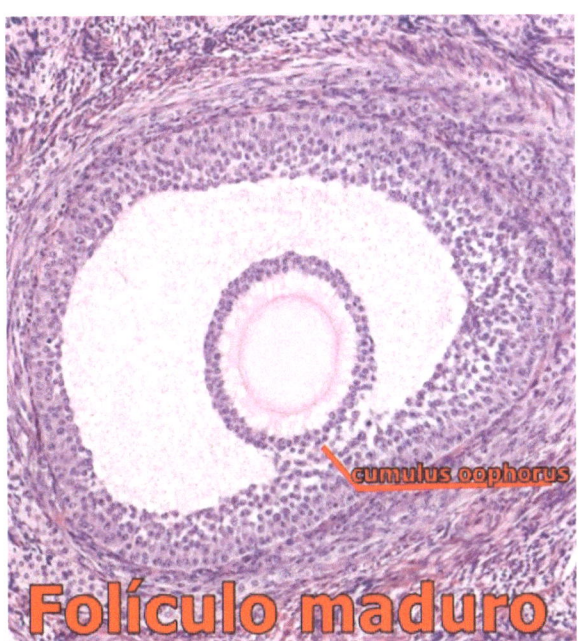

Capítulo 2 – Histologia

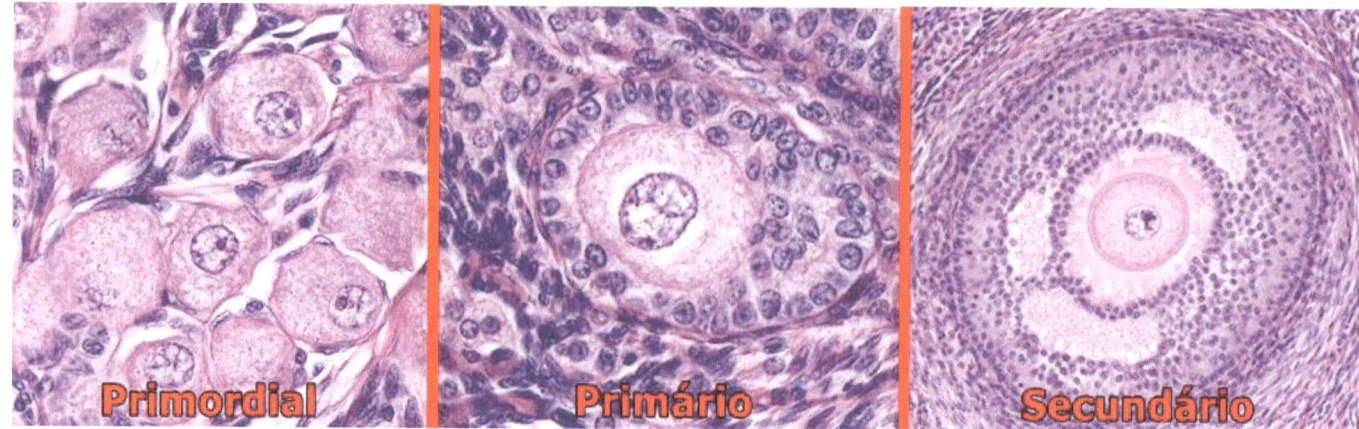

Após o completo amadurecimento, o folículo tende a alcançar as extremidades da região cortical ao ponto de se fundir com a membrana externa do órgão, consequentemente soltando seu conteúdo na tuba uterina. A identificação deste momento em uma lâmina histológica comum é rara, pois há a necessidade de coincidir a ovulação com o momento da retirada e fixação do órgão do animal. Ainda assim, mesmo retirando o órgão para a confecção de uma lâmina durante o período de ovulação, não é garantido a visualização de tal momento.

Após o folículo soltar seu conteúdo na tuba uterina, ele tende a se degradar, se consolidando e formando uma estrutura muitas vezes maior que o folículo maduro, chamada corpo lúteo. Tais estruturas são de fácil identificação pelo seu tamanho e por sua coloração densa e escura, se sobressaindo na região cortical.

O corpo lúteo forma-se em todos os ciclos menstruais, contribuindo na produção de hormônios como progesterona, estradiol e inibinas A. O corpo lúteo tende a diminuir de tamanho com o tempo até formar uma estrutura de cicatrização chamada corpo albicans.

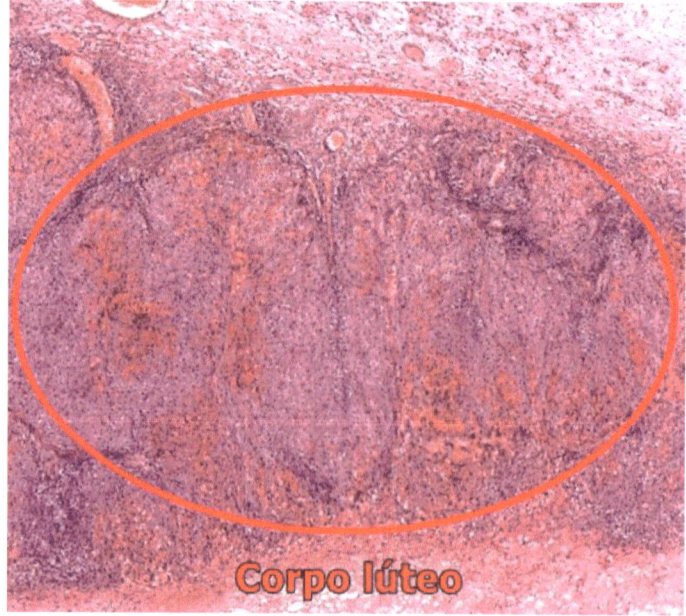

Capítulo 2 – Histologia

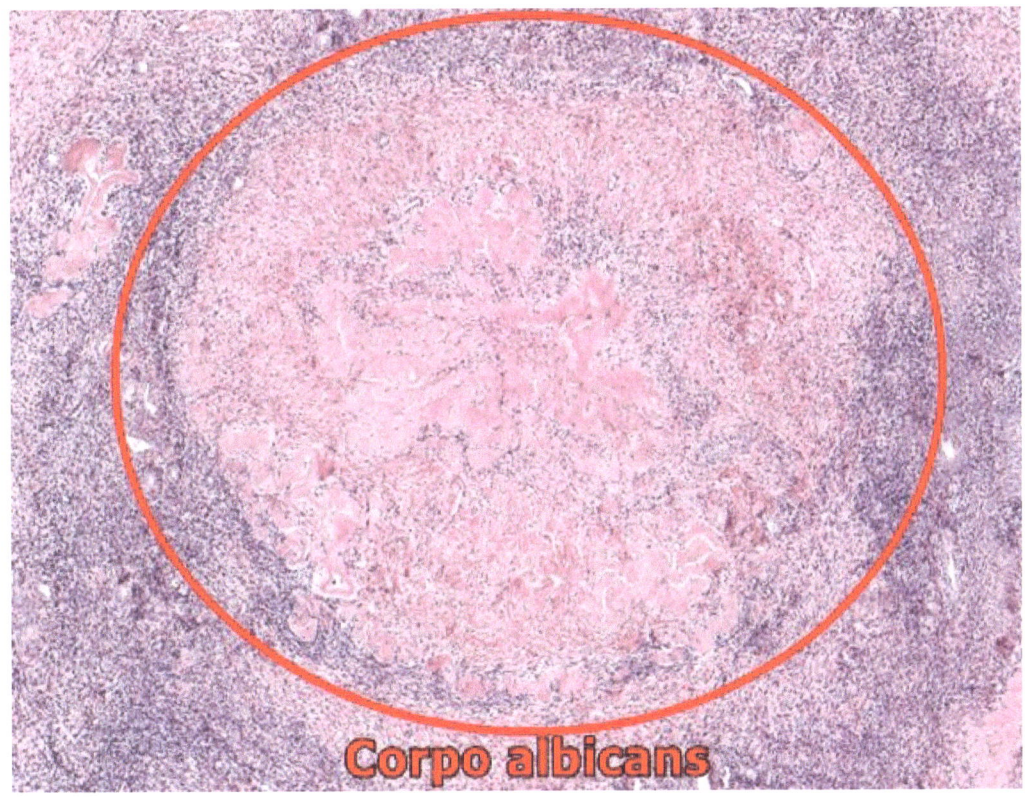

Finalizando, a histologia do ovário é resumidamente dividida em região cortical e medular, onde a cortical se consiste na observação dos folículos em diferentes estágios, e a região medular se consiste em vasos sanguíneos e inervações.

Referências

Amabis G. BIOLOGIA DAS CÉLULAS - VOLUME 1 - ORIGEM DA VIDA, CITOLOGIA, HISTOLOGIA. Editora: Moderna; 2ª Edição. 2019.

Brown R. HISTOLOGIC PREPARATIONS: COMMON PROBLEMS AND THEIR SOLUTIONS. Editora: College of American Pathologists. 2009.

Feeback D. HISTOLOGY (OKLAHOMA NOTES). Editora: Springer. 2012.

Fiore M. ATLAS DE HISTOLOGIA. Editora: Guanabara Koogan. 1984.

Gartner L. ATLAS COLORIDO DE HISTOLOGIA. Editora: Guanabara Koogan; 7ª Edição. 2018.

Gartner L. HISTOLOGIA ESSENCIAL. Editora: GEN Guanabara Koogan; 1ª Edição. 2012.

Gartner L. TRATADO DE HISTOLOGIA. Editora: Guanabara Koogan. 2017.

Capítulo 3 – Perguntas e respostas

3.1 – Citologia

ENEM 2015

Questão 1 (Citologia) – O formato das células de organismos pluricelulares é extremamente variado. Existem células discoides, como é o caso das hemácias, as que lembram uma estrela, como os neurônios, e ainda algumas alongadas, como as musculares. Em um mesmo organismo, a diferenciação dessas células ocorre por

A. Produzirem mutações específicas.
B. Possuírem DNA mitocondrial diferentes.
C. Apresentam conjunto de genes distintos.
D. Expressam porções distintas do genoma.
E. Terem um número distinto de cromossomos.

Resolução da questão 1 (Citologia): Todas nossas células são oriundas de uma única célula, o zigoto, este sendo formado pela união do espermatozoide do homem com o ovócito da mulher, resultando em uma estrutura 2n, ou seja, uma estrutura de 46 cromossomos, que irá sofrer diferenciações formando os mais variados tecidos celulares. Tal formação de novas células com especialidades específicas é resultante da mitose, divisão celular que mantem a mesma quantidade de cromossomos da célula mãe, ou seja, as células, mesmo diferenciadas, mantêm a mesma carga genética. A respeito do material mitocondrial, as mitocôndrias dos indivíduos possuem material genético próprio, provindo exclusivamente da mãe, e mantem as informações com o decorrer de suas multiplicações, não tendo relação com a especificidade e diferenciação celular. O que ocorre de diferente entre células distintas é como produzem, traduzem, quebram e utilizam os RNAs produzidos pelo DNA. Apesar das células possuírem o mesmo DNA, elas podem usar regiões diferentes desse DNA para produzir RNAs mais específicos. Portanto temos a **letra D** como resposta correta.

UFPA 2016

Questão 2 (Citologia) - As membranas plasmáticas representam a estrutura mais externa das células, separando o seu interior do ambiente. Estão constituídas principalmente por proteínas e lipídios que, além de compor a sua estrutura, também facilitam o funcionamento celular.

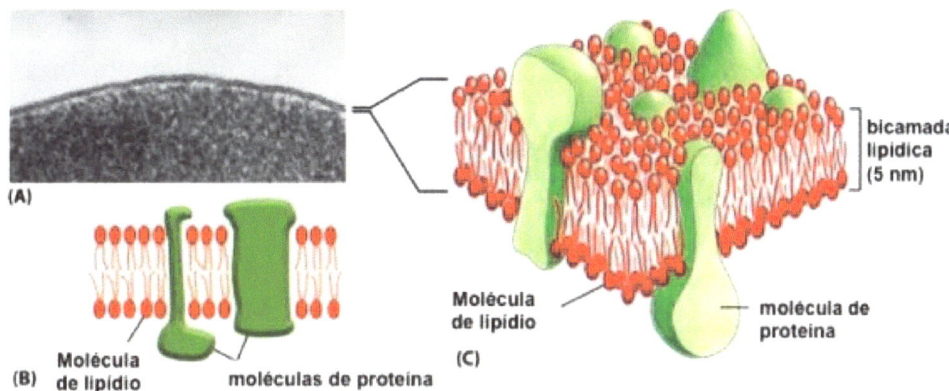

Acerca dessa estrutura celular, mostrada na figura acima, afirma-se

I) A estrutura básica das membranas celulares obedece ao modelo do mosaico fluido proposto por Singer e Nicolson (1972), no qual proteínas distribuídas em padrão de mosaico flutuam em uma bicamada fluida de fosfolipídios.

II) Fosfolipídios e colesterol são lipídios anfipáticos que formam a estrutura básica das membranas celulares.

III) As proteínas representam o grupo de macromoléculas mais abundantes nas membranas das células.

IV) As proteínas de membrana atuam como canais iônicos, proteínas de transporte, receptores de moléculas sinalizadoras e componentes do citoesqueleto.

É correto o que se afirma em:

A. I, apenas.

B. I e II, apenas.

C. I, II e III.

D. III e IV.

E. I, II e IV.

Resolução da questão 2 (Citologia): Singer e Nicolson propuseram-se a explicar a constituição da membrana plasmática das células em 1972, em sua descrição afirmam a existência de duas camadas de fosfolipídios, onde proteínas, alguns lipídios e carboidratos, também se encontram presentes. Segundo eles, os fosfolipídios e as proteínas se mantêm em constante movimento, proporcionando um dinamismo a essa membrana, denominado desde então como modelo do mosaico fluido. Sobre a segunda afirmação, moléculas anfipáticas são moléculas que em sua própria estrutura possuem diferença de polos, possuindo uma região polar e outra apolar, o fosfolipídio e o colesterol são sim moléculas anfipáticas, por conta disso são tão eficientes no controle e saída de substâncias da célula, inclusive da água. Sobre a abundância das proteínas na composição da membrana celular, apesar de estarem muito presentes, não superam a quantidade de fosfolipídios, a terceira afirmação está incorreta. A quarta e última afirmativa refere-se as funções das proteínas. Como mostrado na imagem, algumas proteínas atravessam totalmente a membrana plasmática, tendo contato tanto com o meio interno quanto externo, tal qualidade a torna ferramenta para movimentação de muitas substâncias, além de servirem também como ligantes e controladores estruturais da célula, portanto a última afirmação está correta. Podemos concluir então que a **letra E** é a resposta correta, pois a afirmativa I, II e IV estão certas.

Mackenzie 2018
Questão 3 (Citologia) –

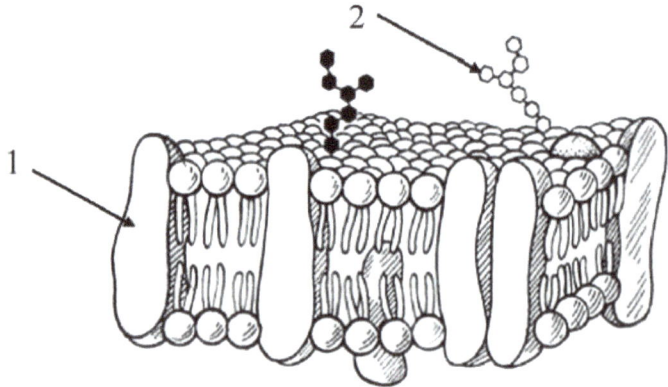

Capítulo 3 – Perguntas e respostas

O esquema representa um modelo de organização da membrana plasmática. A respeito dele, assinale a alternativa correta.

A. Essa organização é encontrada somente em células eucarióticas.

B. A substância apontada em 1 ocupa local fixo na membrana.

C. As membranas que compõem organelas celulares apresentam apenas uma camada de fosfolipídios.

D. A seta 2 indica carboidratos que compõem o glicocálix.

E. A substância apontada em 1 está envolvida apenas em transportes ativos.

Resolução da questão 3 (Citologia): Apesar de algumas bactérias terem mais camadas e algumas estruturas mais exclusivas na membrana plasmática, a organização representada na imagem é mantida, a bicamada de fosfolipídios com a presença de proteínas que podem ou não atravessar toda a membrana é uma característica também das membranas de procariontes. Sobre a afirmação B, conforme dito na questão 1, os componentes da membrana plasmática possuem movimentação dinâmica, descrito como modelo do mosaico fluido, portanto as proteínas não possuem necessariamente uma posição fixa na membrana. A afirmação da letra C defende que, diferente da membrana plasmática, a membrana das organelas da célula possui apenas uma camada de fosfolipídios, o que é incorreto, já que uma camada de fosfolipídios perderia a capacidade de controle do meio interno e externo da organela. A **letra D** está correta, a seta mostra o glicocálix, sendo moléculas de açucares ligadas à membrana que a defende principalmente de choques mecânicos. A última alternativa está incorreta pois a proteína também está envolvida nos transportes passivos da membrana, nos quais não há gastos de energia.

FAMERP 2018
Questão 4 (Citologia) – Os domínios Archaea e Bacteria englobam micro-organismos com características morfológicas bem definidas. Estes seres vivos compartilham semelhanças entre si, tais como

A. membrana plasmática e organelas membranosas

Capítulo 3 – Perguntas e respostas

B. inclusões citoplasmáticas e envoltório nuclear

C. moléculas de DNA lineares e plasmídeos

D. material genético disperso e ribossomos

E. citoesqueleto e parede com peptidoglicano.

Resolução da questão 4 (Citologia): O domínio Archaea engloba organismos vivos procariotos morfologicamente semelhantes às bactérias, porém possuem diferenças genéticas e bioquímicas, características que proporcionam as arqueias a capacidade de

sobreviver em ambientes de condições extremas. Tanto as arqueias quanto as bactérias são procariotos, portanto não possuem organelas membranosas e envoltório nuclear. Também é característico de células procariontes o DNA circular, permitindo-nos desconsiderar, levando em conta o que foi esclarecido, as alternativas A, B e C. A alternativa E também está incorreta, o peptidoglicano é característica das bactérias, sendo graças a esta característica que podemos separar as bactérias em grans positivas (com peptidoglicano exposto) ou grans negativas (com peptidoglicano coberto), dependendo da estrutura de seu peptidoglicano. A alternativa correta é a **letra D**, tanto as bactérias quanto as arqueias possuem material genético e ribossomos dispersos no citoplasma, tal fato é característico de células procariontes.

UFRGS 2018

Questão 5 (Citologia) – A partir da década de 90, foi proposta a classificação dos seres vivos em 3 domínios: Archaea, Bacteria e Eukarya. Sobre esses seres vivos, considere o quadro abaixo.

Característica	Domínios		
	Bacteria	Archaea	Eukarya
Núcleo envolto por membrana		(1)	
Organelas envoltas por membrana			(2)
Presença de peptidioglicano na parede celular	(3)		
Maioria vive em ambientes de condições extremas		(4)	

Assinale a alternativa que, completando o quadro, contém a sequência de palavras

Capítulo 3 – Perguntas e respostas

que substitui corretamente os números de 1 a 4, de acordo com algumas das principais características de cada um desses grandes grupos.

A. ausente – ausentes – sim – sim

B. ausente – presentes – sim – sim

C. ausente – ausentes – sim – não

D. presente – presentes – não – sim

E. presente – ausentes – não – não

Resolução da questão 5 (Citologia): O domínio Eukarya inclui todos os seres eucariontes, e é característica de células eucariontes a presença de envoltório nuclear, diferente das bactérias e das arqueias, que são seres procariontes. Portanto o domínio

Archaea não possui envoltório nuclear (1=ausente). Também é característico de seres procariontes a ausência de organelas envolvidas por membrana, portanto tanto a bactéria quanto a arqueia não possuem organelas com membrana, diferentemente dos seres eucariontes, que possui organelas com estruturas especializadas por membranas (2=presente). O peptidoglicado é uma estrutura da membrana celular exclusiva das bactérias, é graças a esta estrutura que podemos diferenciar as bactérias em gram positivas e gram negativas, tal estrutura não é presente em arqueias e eucariontes (3=sim). A sobrevivência em condições extremas é a principal características dos seres do domínio Archaea, seres como bactérias e células eucariontes não sobreviveriam em, por exemplo, fontes termais, como as arqueias sobrevivem (4=sim). A **letra B** é a resposta correta.

UPE 2017

Questão 6 (Citologia) – Carl Von Linné (170-1778) considerou a existência de apenas dois reinos biológicos em nosso planeta: Animal e Vegetal. Posteriormente, o zoólogo Ernst Haeckel criou o termo Protista, para designar um conjunto de organismos, que não eram caracterizados nem como plantas nem como animais. Uma nova proposta surgiu incorporando o reino Monera, representado pelas bactérias e cianobactérias. Por fim, Robert Whittaker, em 1960, propôs elevar os fungos a reino, aumentando para cinco.

Assinale a alternativa CORRETA que justifique a não inclusão dos vírus no sistema de classificação.

A. Ausência das estruturas que compõem uma célula.

B. Conjunto de seres unicelulares.

C. Características reprodutivas que não necessitam de gametas.

D. Desconhecimento do seu papel ecológico.

E. Seres que podem ser autotróficos ou heterotróficos, dependendo do ambiente.

Resolução da questão 6 (Citologia): Apesar de não ser unanime na literatura, os vírus são caracterizados como não seres vivos, por não possuírem a característica fundamental a vida, a estrutura celular. A composição de um vírus é basicamente de um material genético envolto por proteínas, que podem ou não também estar envolto por

uma capsula chamada de envelope. Sua extrema simplicidade justifica sua ausência em qualquer reino biológico. Resposta correta, **letra A**.

UPF 2017

Questão 7 (Citologia) – Analise a figura e assinale a alternativa que indica o que é representado nela.

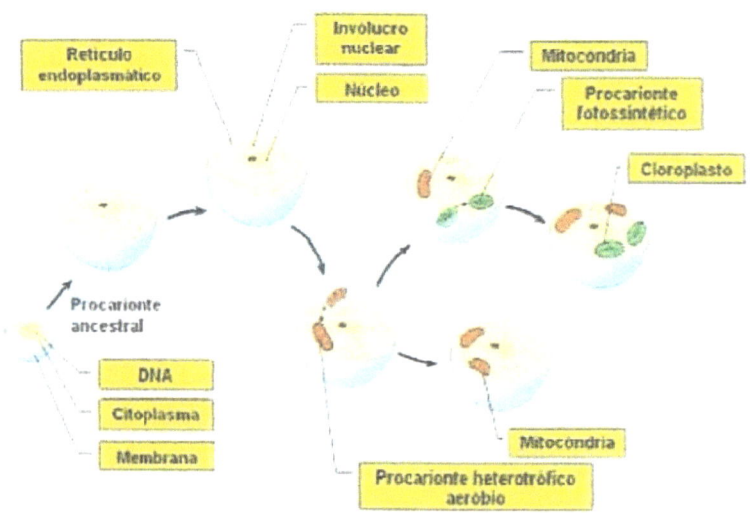

Capítulo 3 – Perguntas e respostas

A. O surgimento das células procariotas.

B. A teoria celular.

C. A teoria da endossimbiose.

D. A teoria da abiogênese.

E. A origem da vida.

Resolução da questão 7 (Citologia): A imagem não representa o surgimento das células procariontes, pois tais células não possuem organelas como mitocôndrias e cloroplastos, descartemos a letra A. A teoria celular defende apenas que a célula é a unidade fundamental à vida, não tendo relação direta com a imagem, descartemos letra B. Sobre a letra D, não pode estar correta, pois a abiogênese é o estudo da origem da vida a partir da matéria morta, o que não é evidenciado na imagem, já que o inicio do esquema já apresenta uma célula com DNA, citoplasma e membrana, característico de

uma unidade celular. Assim como a letra B, a letra E não possui relação direta com a imagem. Apesar da origem da vida envolver o desenvolvimento celular, abrange muito mais do que demonstrado no esquema. A reposta correta é a **letra C**, a imagem demonstra a endossimbiose, teoria que explica a inserção da mitocôndria e cloroplastos na estrutura celular com o decorrer da evolução.

UECE 2017

Questão 8 (Citologia) – As células procariontes são reconhecidas como aquelas que não possuem material genético delimitado por um envoltório nuclear. Sobre os procariontes, é possível afirmar que contêm apenas

A. complexo golgiense e ribossomos.

B. ribossomos e parede celular.

C. retículo endoplasmático e parede celular.

D. mitocôndria e plasmídeos.

Resolução da questão 8 (Citologia): É característica das células procariontes a ausência de organelas que possuem envoltório membranoso, ou seja, organelas com estrutura própria delimitadas por uma parede. Levando tal fato em conta já será suficiente para reconhecimento da alternativa correta. Complexo golgiense, retículo endoplasmático e mitocôndrias são organelas que nunca serão encontradas em procariontes, pois são organelas que possuem parede celular. Das opções, apenas plasmídeos, ribossomos e parede celular podem ser encontrados em procariontes, porém descartaremos os plasmídeos por estar acompanhado da mitocôndria na alternativa. A resposta restante e correta é a **letra B**, afinal as bactérias também precisam produzir proteínas, e os ribossomos são fundamentais para isso.

UEFS 2017

Questão 9 (Citologia) – Os primeiros organismos a habitar a Terra foram os procariontes, que viveram, há 3,5 bilhões de anos. Durante toda sua longa história evolutiva, as populações procarióticas foram (e continuam a ser) sujeitas à seleção natural em todos os tipos de ambientes, resultando em sua enorme diversidade atual.

A partir dos conhecimentos a respeito do reino que possui organismos com essa organização procariótica, é possível afirmar que

A. seus representantes vivem exclusivamente isolados em meios específicos.

B. ele é dotado de uma grande diversidade metabólica e seus representantes são unicelulares.

C. seus representantes possuem DNA circular, ribossomos 80S e parede celular.

D. os organismos autótrofos desse reino são exclusivamente fotossintéticos.

E. a expressão do potencial biótico dos seus representantes não possui fatores limitantes.

Resolução da questão 9 (Citologia): A letra A está incorreta, a vida de seres procariotos em ambientes exclusivos não é característica de todos, apesar de poder ser de muitos. A letra B está correta, é característico dos procariotos a unicelularidade, e tais seres sobreviveram até hoje, depois de bilhões de anos, justamente por terem características genéticas que proporcionaram a eles a capacidade de se defender e se multiplicar nas situações mais diversas e específicas. A letra C está incorreta por afirmar a presença de ribossomos 80S.

Os ribossomos de uma célula procariota e eucariota são diferentes entre si, e as diferenciamos através da nomenclatura 80S e 70S, tal nomenclatura evidencia o tamanho do ribossomo e também de sua capacidade de sedimentação. Os ribossomos 80S são maiores e são característicos de células eucariotas, diferente dos ribossomos 70S, característicos de procariotos. A letra D também está incorreta, de forma absurda, dizer que todos os procariontes realizam fotossíntese significa que qualquer bactéria poderia gerar energia através da luz, o que está longe de ser realidade. A letra E está incorreta pois há muitos fatores limitantes na sobrevivência de organismos procariotos, como por exemplo, alguns apenas sobrevivem na ausência de oxigênio. Portanto a **letra B** é a única alternativa correta.

IFSP 2017
Questão 10 (Citologia) – Observe a figura abaixo.

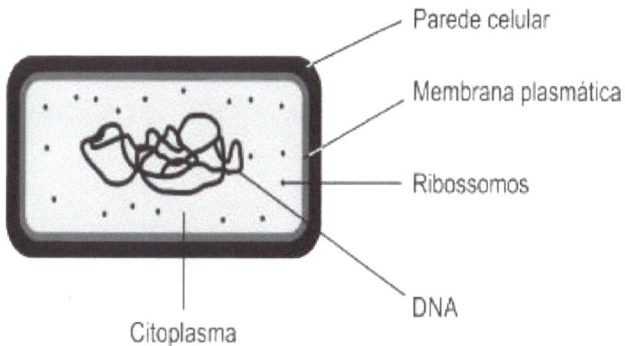

É correto afirmar que a figura acima é uma representação esquemática de uma célula de um organismo que tem como característica principal a

A. presença de núcleo com nucléolo.

B. presença de núcleo sem nucléolo.

C. presença de envoltório nuclear.

D. ausência de material genético.

E. ausência de núcleo delimitado por envoltório nuclear.

Resolução da questão 10 (Citologia): É evidente pela imagem a caracterização de uma célula procariótica, e são características de tais células o material genético disperso no citoplasma, sem nenhum tipo de envoltório nuclear, apenas com este fato já é suficiente para que eliminemos as alternativas A, B, C e D. A **alternativa E** é correta, pois, como visto na imagem, não há nenhuma estrutura que possa ser considerado como um envoltório nuclear, e nem poderia, já que se trata de uma célula procariótica.

FEEVALE 2018

Questão 11 (Citologia) – As células animais são compostas basicamente por três partes: membrana plasmática, citoplasma e núcleo. O citoplasma preenche a célula e nele são encontradas estruturas denominadas organelas, cada qual com sua função. Uma organela, denominada de _____, é responsável pela geração de energia para a célula.

Assinale a alternativa que preenche corretamente a lacuna do texto.
A. Retículo endoplasmático liso.

B. Ribossomo.

C. Mitocôndria.

D. Centríolo.

E. Lisossomo.

Resolução da questão 11 (Citologia): A organela responsável pela geração de energia nas células animais é a mitocôndria, **alternativa C**. O retículo endoplasmático liso é responsável pela síntese de algumas substâncias, mas não de energia. Os ribossomos são organelas que efetivam a produção de proteínas pela célula. Os centríolos são organelas que atuam na divisão celular. Os lisossomos são organelas que atuam na degradação de partículas.

EBMSP

Questão 12 (Citologia) – Uma célula eucariótica é uma massa de citoplasma, delimitada por uma membrana e que apresenta um núcleo.

Com base nos conhecimentos sobre citologia, é correto afirmar:

A. Observando uma célula animal no microscópio óptico, é possível visualizar a parede celular e o núcleo.

B. O retículo endoplasmático liso tem importante papel na produção de proteínas pela célula.

C. Os lisossomos são importantes no empacotamento e na distribuição de substâncias pela célula.

D. Uma proteína presente na membrana plasmática de uma célula foi produzida no retículo endoplasmático rugoso, encaminhada para o complexo de Golgi e, posteriormente, direcionada à membrana plasmática.

E. Os fosfolipídios que formam a membrana plasmática têm a parte hidrofóbica voltada para o exterior da célula.

Resolução da questão 12 (Citologia): A afirmativa da **letra D** é correta, ela descreve o sistema produção, transporte e secreção, onde as proteínas que irão integrar a membrana plasmática é fabricada no retículo endoplasmático rugoso e modificada conforme as necessidades pelo complexo de Golgi. A letra A está incorreta por afirmar que há parede celular em células animais, sendo esta uma característica das células vegetais. Sobre a afirmativa B, o retículo endoplasmático liso não tem papel na produção de proteínas, isso cabe aos ribossomos. Os lisossomos são organelas para degradação de partículas, não tendo relação com o empacotamento e distribuição de substâncias, descartemos a alternativa C. Sobre a afirmativa E, está incorreta pelo simples fato que a parte hidrofóbica dos fosfolipídios está voltada para o interior da membrana, e não para o exterior da célula.

UEFS 2017
Questão 13 (Citologia) –

Avaliando-se a célula em destaque e com os conhecimentos acerca do assunto, é correto afirmar:

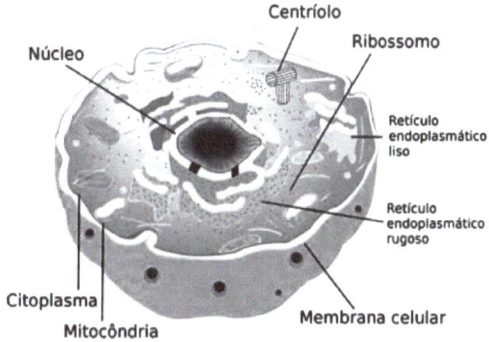

Capítulo 3 – Perguntas e respostas

A. É uma célula que apresenta divisão de trabalho e se encontra nos organismos de todos os domínios.

B. Na célula, ocorre a glicosilação em um compartimento específico, membranoso e polar.

C. Das organelas destacadas, a única que não se apresenta envolvida pela membrana é o ribossomo.

D. É uma célula que pode fazer parte da constituição de um vegetal, como as gimnospermas e angiospermas.

E. A constituição de seu citoesqueleto imprescinde da presença de tubulinas sintetizadas por polissomos aderidos ao seu próprio ergastoplasma.

Resolução da questão 13 (Citologia): A alternativa A está incorreta por afirmar que a célula evidenciada, que é notavelmente uma célula eucarionte, constitui todos os domínios de seres vivos, o que incluiria também seres procariontes. Sabemos que seres procariontes são constituídos de células procariontes, e não eucariontes como a célula da imagem. Quanto a **alternativa B**, está correta, pois é característico das células eucariontes a capacidade de realizar glicosilação graças ao complexo de Golgi, sendo este um processo de construção de estruturas químicas específicas através da adição de carboidratos. A alternativa C está incorreta por afirmar que apenas o ribossomo destacado seria uma organela sem envoltório membranoso, sendo que o centríolo

destacado também não possui membrana. É evidenciado pela imagem a ausência de parede celular, portanto não há como ser uma célula vegetal, nos permitindo descartar a alternativa D. E por último e mais complexa, a alternativa E afirma que as proteínas do citoesqueleto são produzidas pelo ergastoplasma (retículo endoplasmático rugoso), porém sabemos que as proteínas do citoesqueleto também são produzidas por ribossomos livres no citoplasma, e não necessariamente aderidos ao retículo endoplasmático rugoso, algumas literaturas defendem, inclusive, que todas as proteínas que compõe o citoesqueleto são provindas exclusivamente de ribossomos livres no citoplasma, o que torna a alternativa E incorreta.

Capítulo 3 – Perguntas e respostas

UDESC 2017

Questão 14 (Citologia) – Várias substâncias, moléculas e estruturas estão presentes nos seres vivos. Ao se analisar esses seres vivos, podem-se encontrar algumas estruturas comuns às bactérias, às células vegetais e aos animais. Assinale a alternativa correta, em relação à informação.

A. Mitocôndrias, retículo endoplasmático, parede celular e ribossomos.

B. DNA, RNA, membrana citoplasmática e ribossomos.

C. Retículo endoplasmático, complexo golgiense, lisossomos e peroxissomos.

D. Vacúolos, plastos, ribossomos e membrana citoplasmática.

E. Carioteca, mitocôndria, ribossomos e lisossomos.

Resolução da questão 14 (Citologia): A alternativa correta é a **letra B**, o DNA, RNA e ribossomos são o que torna a multiplicação, tradução e produção proteica possível, em todos os organismos vivos, no qual a membrana plasmática também é presente, podendo esta possuir parede, no caso das plantas, ou não, no caso dos animais. A letra A está incorreta pois não há mitocôndrias no grupo protista Archezoa, assim como não há parede celular em células animais. As organelas afirmadas pela letra C também não são presentes em seres procarióticos. Na letra D podemos citar os vacúolos como ausentes em bactérias. E por fim, não há carioteca e mitocôndria em seres procarióticos, permitindo-nos descartar a alternativa E.

FEEVALE 2017

Questão 15 (Citologia) – O planeta Terra surgiu há aproximadamente 4,5 bilhões de anos. A vida, há aproximadamente 3,5 bilhões de anos. Posteriormente ao surgimento da vida, ao longo de 1,5 bilhões de anos, o planeta foi provavelmente ocupado por seres

unicelulares procariontes. Assinale a alternativa que apresenta organismos unicelulares e procariontes.

A. Fungos.

B. Esponjas.

C. Musgos.

D. Bactérias.

E. Medusas.

Resolução da questão 15 (Citologia): Os fungos podem ser pluri ou uni celulares, e todos os animais e vegetais são pluricelulares, isto inclui as esponjas (animal), musgos (vegetal) e medusas (animal). A única alternativa restante e correta é a **letra D**, bactérias.

FACTHUS 2017

Questão 16 (Citologia) – Após a ingesta crônica de grandes quantidades de drogas e álcool, espera-se encontrar maior desenvolvimento e predomínio de qual organela em células hepáticas?

A. Complexo de Golgi.

B. Retículo endoplasmático rugoso.

C. Lisossomo.

D. Retículo endoplasmático liso.

Resolução da questão 16 (Citologia): É natural das células hepáticas possuírem maior desenvolvimento de seus retículos endoplasmáticos lisos, por ser uma organela responsável pela desintoxicação celular, além de participar do metabolismo de algumas substâncias. É graças a tais organelas que o fígado possui sua grande capacidade de metabolização e desintoxicação. Em situações de altas ingestões de álcool e droga, os retículos endoplasmáticos lisos podem se tornar ainda mais desenvolvidos, com o intuito de lidar com a toxicidade das ingestões. Levando tal fato em conta podemos afirmar que a **alternativa D** é a alternativa correta.

UNISC 2016

Questão 17 (Citologia) – Todas as células procarióticas apresentam a mesma estrutura básica e, embora menos complicadas do que as células eucarióticas, são funcionalmente complexas, realizando milhares de transformações bioquímicas. Assinale a alternativa que mostra uma estrutura ou elemento não encontrado nos procariotos.

Capítulo 3 – Perguntas e respostas

A. Membrana plasmática que limita a célula, regulando o tráfego de materiais entre o meio interno e externo e separando-a do ambiente.

B. Região chamada de nucleoide, que contém o material hereditário da célula.

C. Citosol, formato majoritariamente por água, íons dissolvidos e pequenas macromoléculas solúveis, como as proteínas.

D. Ribossomos, grânulos de aproximadamente 25 nm de diâmetro, responsáveis pela síntese de proteínas.

E. Citoesqueleto interno, que mantém a forma da célula e movimenta a matéria.

Resolução da questão 17 (Citologia): Segundo o gabarito divulgado pela UNISC, a alternativa correta seria a **letra E**, com a conclusão de que não há esqueleto interno em procariotos. Porém segundo meu conhecimento, e segundo algumas literaturas renomadas da área biomédica, há sim a existência de um citoesqueleto em alguns tipos de organismos procariotos, cada um, claro, com sua particularidade, não sendo idêntico ao citoesqueleto de células eucariontes. Portanto, apesar da questão correta ser a letra E, é importante ter consciência de que algumas literaturas defendem a existência de citoesqueletos em alguns seres procariontes.

FACTHUS 2017

Questão 18 (Citologia) – Qual fase da mitose é caracterizada pelo posicionamento dos cromossomos no equador das células?

A. G1.

B. Prófase.

C. Metáfase.

D. Anáfase.

E. Telófase.

Resolução da questão 18 (Citologia): Chamamos de mitose a divisão celular feito por células eucariontes que geram células filhas com a mesma carga genética da célula progenitora. A mitose é dividida em uma sequência de etapas, nas quais cada etapa possui uma característica. Uma das etapas é chamada de metáfase, e é nesta etapa que acontece o posicionamento dos cromossomos citado pela questão. Neste posicionamento, o DNA se condensa em vários cromossomos, adquirindo, cada um, o formato de "X". A região que os cromossomos se alinham no centro da célula é comumente chamada de equador da célula. Portanto a **letra C** é a alternativa correta.

FACTHUS 2017

Questão 19 (Citologia) – Qual alternativa completa corretamente os seguintes espaços vazios:

A_____(1)_____é um material de aspecto filamentoso, constituído de DNA e proteínas, que, quando se condensa, recebe o nome de_____(2)____.

A___(3)___é a cromatina com aspecto claro ao microscópico, é menos condensada e é geneticamente ativa.

A____(4)____é a cromatina com aspecto escuro vista por microscopia eletrônica, é inativa geneticamente.

A. Cromossomo (1), Heterocromatina (2), Cromatina (3), Eucromatina (4).

B. Cromatina (1), Cromossomo (2), Heterocromatina (3), Eucromatina (4).

C. Cromatina (1), Heterocromatina (2), Eucromatina (3), Cromossomo (4).

D. Cromatina (1), Cromossomo (2), Eucromatina (3), Heterocromatina (4).

Resolução da questão 19 (Citologia): Para responder corretamente a questão precisamos entender o que é eucromatina e heterocromatina, além de conhecer o conceito de cromossomo e cromatina. A cromatina é o material genético disperso dentro do núcleo das células eucariontes, neste material estão DNAs, RNAs e proteínas. A cromatina, é dividida em dois tipos, devido a diferença de aspecto de regiões vistas microscopicamente e de suas funções. São a heterocromatina e a eucromatina, citadas pela questão, as divisões da cromatina. A heterocromatina é vista como um aspecto escuro próximo das paredes do núcleo, isso devido a alta concentração de DNA condensado, e considera-se que a heterocromatina não possui função ativa, exceto na multiplicação celular. Já a eucromatina é menos condensada, o que a torna mais clara que a heterocromatina. A eucromatina, devido sua estrutura mais dispersa e desespiralada, é capaz de ter função ativa na síntese contínua de proteínas pela célula. Já os cromossomos, são formados na divisão celular, onde todo o material genético da célula se condensa, formando estruturas no formato de "X". Levando em conta tais fatos, podemos afirmar que **alternativa D** é a resposta correta, observe: "A *cromatina* é um material de aspecto filamentoso, constituído de DNA e proteínas, que, quando se condensa, recebe o nome de *cromossomo*. A *eucromatina* é a cromatina com aspecto claro ao microscópico, é menos condensada e é geneticamente ativa. A *heterocromatina* é a cromatina com aspecto escuro vista por microscopia eletrônica, é inativa geneticamente.".

UFRGS 2015

Questão 20 (Citologia) – Observe o esquema abaixo, referente a uma célula eucarionte.

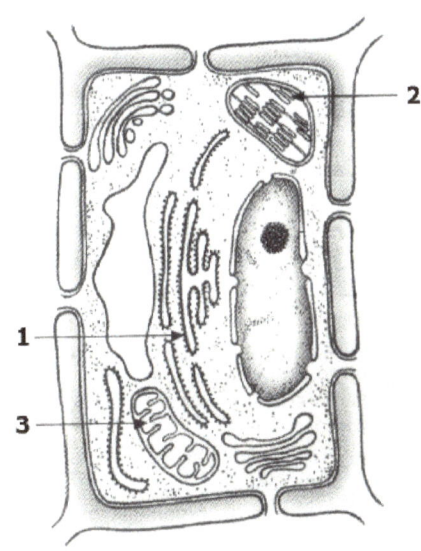

A. Animal, porque se observa a ausência de centríolos.

B. Animal, porque apresenta a estrutura de número 1.

C. Vegetal, porque apresenta a estrutura de número 2.

D. Vegetal, porque se observa a ausência de vacúolos.

E. Vegetal, porque apresenta a estrutura de número 3.

Resolução da questão 20 (Citologia): Pelo formato da célula e da evidente parede celular, já podemos descartar a possibilidade de ser uma célula animal, já que células animais não possuem parede celular. Agora precisamos analisar a questão C, D e E para entender qual delas defende de forma correta a razão de tal imagem ser uma célula vegetal. A questão C afirma que a célula é vegetal por apresentar a estrutura 2, que é claramente um cloroplasto, por seu tamanho e por estruturas internas que lembram moedas. O cloroplasto é responsável pela fotossíntese nas células vegetais, portanto já podemos concluir esta (alternativa C) como a afirmativa correta. Vamos entender o motivo das alternativas D e E estarem incorretas: A questão D defende que a ausência de vacúolos é o motivo da célula da imagem ser uma célula vegetal, o que está errado, existe vacúolos nas células vegetais que, inclusive, aparece na imagem. A alternativa E é a mais provável de fazer com que muitos errem, muitos conseguem identificar a estrutura 3 como uma mitocôndria, e muitos acreditam que não há mitocôndrias em células vegetais, que seria uma organela exclusiva das células animais, o que está incorreto. Há também mitocôndrias em células vegetais, portanto a única alternativa correta é a **letra C**.

UFRGS 2015

Questão 21 (Citologia):

No bloco superior abaixo, são citados dois diferentes componentes estruturais do citoesqueleto; no inferior, suas funções. Associe adequadamente o bloco inferior ao superior.

1 - Microtúbulos

2 - Microfilamentos

( ) locomoção do espermatozoide

( ) ciclose em células vegetais

( ) contração e distensão das células musculares

( ) formação de centríolos

A sequência correta de preenchimento dos parênteses, de cima para baixo, é:

A. 1 – 1 – 2 – 2.

B. 1 – 2 – 2 – 1.

Capítulo 3 – Perguntas e respostas

C. 1 – 2 – 2 – 2.

D. 2 – 1 – 1 – 1.

E. 2 – 1 – 1 – 2.

Resolução da questão 21 (Citologia): Para responder corretamente a questão, vamos primeiro entender os microtúbulos e microfilamentos, permitindo-nos distingui-los com maior eficácia: Tanto os microtúbulos quanto os microfilamentos são estruturas proteicas, e ambas possuem associação ao citoesqueleto das células, porém possuem discreta diferença estrutural, no qual proporciona a cada um maior especificidade. No caso dos microtúbulos, são responsáveis pela organização do fuso mitótico, através dos centríolos, estrutura fundamental para divisão celular. Os microtúbulos também compõem os flagelos e cílios das células eucarióticas, ou seja, compõe o flagelo dos espermatozoides. Com estes dois fatos sobre os microtúbulos podemos já inserir seu respectivo número (1) na primeira e última afirmativa (1-x-x-1). Quanto às alternativas restantes, ambas são características dos microfilamentos: Nos músculos eles funcionam como parte dos motores contráteis conduzidos pela actomiosina, em que os filamentos finos servem como plataformas de tração para a contração muscular que se utiliza ATP (energia bioquímica). E os microfilamentos são constituídos de actina e miosina, proteínas responsáveis para a ciclose vegetal, esta sendo a capacidade das células vegetais movimentarem seu citoplasma e suas organelas para facilitar a captação de luz. Portanto a alternativa correta é a **letra B** (1-2-2-1).

Fuvest-SP 2017

Questão 22 (Citologia): Células animais, quando privadas de alimento, passam a degradar partes de si mesmas como fonte de matéria-prima para sobreviver. A organela citoplasmática diretamente responsável por essa degradação é:

A. o aparelho de Golgi.

B. o centríolo.

C. o lisossomo.

D. a mitocôndria.

E. o ribossomo.

Resolução da questão 22 (Citologia): A capacidade da célula degradar suas próprias organelas com o intuito de sobreviver perante a privação de nutrientes tem um nome, chamamos de autofagia. A autofagia só existe graças aos lisossomos, organelas com enzimas capazes de quebrar as estruturas químicas das organelas da célula. Sabendo deste fato podemos identificar a **letra C** como a afirmativa correta.

FMU 2017

Questão 23 (Citologia): Preparou-se, rapidamente, uma lâmina a ser examinada ao microscópio óptico; para identificar se o material é de origem animal ou vegetal, convém observar se as células possuem

A. núcleo.

B. membrana celular.

C. parede celular.

D. mitocôndrias.

E. nucléolos.

Resolução da questão 23 (Citologia): De todas as opções, a parede celular é a única que definitivamente nos daria a certeza de que se trata de uma célula animal ou vegetal, portanto a **letra C** é a resposta correta. O núcleo, mitocôndrias, nucléolos e membrana celular, fazem parte tanto das células animais quanto vegetais, portanto suas observações não nos proporcionariam certeza alguma.

USU-RJ (edição não informada)

Questão 24 (Citologia): Na mucosa intestinal, as células apresentam grande capacidade de absorção devido à presença de:

A. desmossomos

B. vesículas fagocitárias

C. microvilosidades

D. flagelos

E. cílios

Resolução da questão 24 (Citologia): Em praticamente todas as literaturas, a grande capacidade de absorção intestinal é atribuída à parede intestinal ondulada, que, por ser ondulada, proporciona maior possibilidade de contato com as substâncias. Tais ondulações são chamadas de microvilosidades, portanto a **afirmativa C** é a alternativa correta.

MOJI-SP 2013

Questão 25 (Citologia): A membrana plasmática, apesar de invisível ao microscópio óptico, está presente:

A. em todas as células, seja ela procariótica ou eucariótica.

B. apenas nas células animais.

C. apenas nas células vegetais.

D. apenas nas células dos eucariontes.

E. apenas nas células dos procariontes.

Resolução da questão 25 (Citologia): A **letra A** é a afirmativa correta. Muitos pensam que a parede celular das células vegetais substitui a membrana plasmática, porém ambas são presentes nas células vegetais, e é importante termos consciência que são estruturas diferentes. Na célula vegetal, a parede celular circunda a membrana plasmática, portanto a membrana celular em momento algum deixa de existir.

UF-AC 2014

Questão 26 (Citologia): Quimicamente, a membrana celular é constituída principalmente por:

A. acetonas e ácidos graxos.

B. carboidratos e ácidos nucleicos.

C. celobiose e aldeídos.

D. proteínas e lipídios.

E. RNA e DNA.

Resolução da questão 26 (Citologia): Como já discutido em outras questões, a composição da membrana plasmática é de duas camadas de fosfolipídios e proteínas, algumas proteínas, inclusive, penetrando toda a membrana, tendo contato tanto com o interior da célula quanto o exterior. Há também menores quantidades de outras substâncias na membrana, é o caso dos carboidratos, que formam uma estrutura externa na membrana plasmática chamada de glicocálice ou glicocálix, estrutura que serve de proteção à membrana. Levando em conta tal fato podemos afirmar que a **letra D** é a afirmação correta.

ENEM 2014

Questão 27 (Citologia): Segundo a teoria evolutiva mais aceita hoje, as mitocôndrias, organelas celulares responsáveis pela produção de ATP em células eucariotas, assim como os cloroplastos, teriam sido originados de procariontes ancestrais que foram incorporados por células mais complexas. Uma característica da mitocôndria que sustenta essa teoria é a

A. capacidade de produzir moléculas de ATP.

B. presença de parede celular semelhante à de procariontes.

C. presença de membranas envolvendo e separando a matriz mitocondrial do citoplasma.

D. capacidade de autoduplicação dada por DNA circular próprio semelhante ao bacteriano.

E. presença de um sistema enzimático, eficiente às reações químicas do metabolismo aeróbio.

Resolução da questão 27 (Citologia): As mitocôndrias e os cloroplastos se multiplicam por si só, graças ao seu próprio maquinário genético. Esta independência nos faz pensar que estas organelas seriam perfeitamente capazes de sobreviverem em conjunto com outros seres e tipos de células, inclusive até isoladamente. Por conta de seu material genético e sua autonomia, algumas literaturas chegam a citar as mitocôndrias como células vivendo dentro de células. Levando tal fato em conta podemos identificar a **letra D** como a alternativa correta.

Capítulo 3 – Perguntas e respostas

ENEM PPL

Questão 28 (Citologia): Alimentos como carnes, quando guardados de maneira inadequada, deterioram-se rapidamente devido à ação de bactérias e fungos. Esses organismos se instalam e se multiplicam rapidamente por encontrarem aí condições favoráveis de temperatura, umidade e nutrição. Para preservar tais alimentos, é necessário controlar a presença desses microrganismos. Uma técnica antiga e ainda bastante difundida para preservação desse tipo de alimento é o uso do sal de cozinha. Nessa situação, o uso do sal de cozinha preserva os alimentos por agir sobre os microrganismos,

A. desidratando suas células.

B. inibindo sua síntese proteica.

C. inibindo sua respiração celular.

D. bloqueando sua divisão celular.

E. desnaturando seu material genético.

Resolução da questão 28 (Citologia): Apesar desta ser uma questão muitas vezes usada para avaliações relacionadas à citologia, envolve, talvez, mais necessariamente o entendimento sobre química. A capacidade do sal de cozinha tornar o meio mais concentrado, e a tendência da água ser atraída por esses meios concentrados, é um conhecimento necessário para esta questão. Entendendo tal fato podemos aplicar este conhecimento na situação, na qual existe microrganismos presentes na carne, estes possuem a água como maior componente de seu corpo. O meio concentrado causado pelo sal de cozinha irá atrair a água presente no interior das células desses organismos, dificultando sua sobrevivência e consequentemente preservando o alimento por período maior. A **afirmativa A** é a alternativa correta.

ENEM 2013

Questão 29 (Citologia): A estratégia de obtenção de plantas transgênicas pela inserção de transgenes em cloroplastos, em substituição à metodologia clássica de inserção do transgene no núcleo da célula hospedeira, resultou no aumento quantitativo da produção de proteínas recombinantes com diversas finalidades biotecnológicas. O mesmo tipo de estratégia poderia ser utilizada para produzir proteínas recombinantes em células de organismos eucarióticos não fotossintetizantes, como as leveduras, que são usadas para produção comercial de várias proteínas recombinantes e que podem ser cultivadas em grandes fermentadores. Considerando a estratégia metodológica descrita, qual organela celular poderia ser utilizada para inserção de transgenes em leveduras?

A. Lisossomo.

B. Mitocôndria.

C. Peroxissomo.

D. Complexo golgiense.

E. Retículo endoplasmático.

Resolução da questão 29 (Citologia): A única alternativa possível é a **letra B**, pois, se a estratégia consiste na modificação de material genético, e este material genético não é o do núcleo da célula, o único material genético restante seria da mitocôndria, esta sendo a única organela na qual possui seu próprio DNA e possui auto capacidade de multiplicação.

UFAL 2014

Questão 30 (Citologia): Uma célula é classificada como eucariótica se contiver:

A. Compartimentos membranosos internos.

B. Parede celular rígida.

C. Membrana plasmática.

D. Ácidos nucleicos.

E. Ribossomos.

Resolução da questão 30 (Citologia): A alternativa correta é a **letra A**. Devemos lembrar que as células procariontes não possuem organelas, e seu material genético é disperso no citoplasma. Não há nenhuma estrutura interna nas células procariontes que possua membrana, e consequentemente formato, para que seja considerada uma organela. Já as nossas células, as células eucariontes possui tais características, que nos permite identificar pela estrutura das membranas qual seria a organela

Capítulo 3 – Perguntas e respostas

dentro da célula. É esta a principal diferença que nos permite diferenciar uma célula eucarionte de uma procarionte.

UERJ 2019

Questão 31 (Citologia): Macromoléculas polares são capazes de atravessar a membrana plasmática celular, passando do meio externo para o meio interno da célula. Essa passagem é possibilitada pela presença do seguinte componente na membrana plasmática:

A. açúcar

B. proteína

C. colesterol

D. triglicerídeo

Resolução da questão 31 (Citologia): A resposta correta é a **alternativa B**. A proteína faz parte da composição da membrana plasmática, e tais proteínas são classificadas em proteínas integrais ou proteínas periféricas. As proteínas periféricas são proteínas que, como o nome indica, estão na parte periférica da membrana, não tendo contato com o meio interno. Já a proteína integral, atravessa toda a membrana, possuindo uma parte de sua estrutura em contato com o interior da célula e outra parte de sua estrutura em contato com o exterior da célula. Graças a esta característica, macromoléculas são capazes de entrar na célula, passando pelas proteínas integrais como uma espécie de túnel.

UERR 2019

Questão 32 (Citologia): Nas células eucarióticas, o núcleo é um corpo esférico, grande, em geral a estrutura mais saliente, sendo envolvido por duas "unidades de membrana", que juntas formam:

A. Endométrio nuclear.

B. Camada cuticular.

C. Envoltório nuclear.

D. Estatocisto nuclear.

Capítulo 3 – Perguntas e respostas

E. Lamela nuclear.

Resolução da questão 32 (Citologia): A resposta correta é a **letra C**, envoltório nuclear. A bicamada do núcleo também é denominada como carioteca por muitas literaturas. A maior parte das outras alternativas sequer existem, e algumas são referências a conteúdos completamente diferentes do proposto.

UERR 2019

Questão 33 (Citologia): A estrutura do ácido desoxirribonucleico (DNA) está localizada no núcleo das células. Sobre o DNA, qual é sua principal função?

A. Portador de uracila e metionina.

B. Distribuidor de aminoácidos na célula.

C. Produtor de uracila e guanina.

D. Transmissor de miosina e timina.

E. Portador e transmissor da informação genética.

Resolução da questão 33 (Citologia): Não deve ser surpresa pra ninguém que o DNA está relacionado à genética. Na verdade, o DNA é uma sequência de estruturas químicas que formam uma espiral, e é através de suas sequências que novas moléculas são criadas, através do RNA (que provém do DNA), com enorme precisão, que dará origem a todo o organismo vivo. Levando tal fato em conta, podemos indicar a **alternativa E** como a afirmação correta.

UFRGS 2019

Questão 34 (Citologia): Assinale a alternativa que preenche corretamente as lacunas do enunciado abaixo, na ordem em que aparecem.

Os peroxissomos são organelas enzimáticas de membrana única, cuja principal função é a _____ de certas substâncias orgânicas nas células, em especial, _____. Nessa reação, surge um subproduto muito tóxico para a célula, a água oxigenada (peróxido de hidrogênio), que precisa ser rapidamente degradado por uma de suas principais enzimas, a _____.

A. fluoretação – açúcares – amilase.

Capítulo 3 – Perguntas e respostas

B. substituição – sais minerais – anidrase.

C. acetilação – celulose – fosfatase.

D. oxidação – ácidos graxos – catalase.

E. redução – nitritos – lipase.

Resolução da questão 34 (Citologia): A afirmativa requer conhecimento sobre a organela peroxissomo. Tal organela possui aparência e função parecida com o lisossomo, porém um tanto mais específica. Os peroxissomos possuem a função de converter moléculas de peróxido de hidrogênio (H2O2), presente na célula, em oxigênio e água. Além disso, os peroxissomos são conhecidos por possuírem atuação fundamental no metabolismo de muitos lipídios. Há também estudos mais recentes que tentam evidenciar a atuação dos peroxissomos em outros metabolismos. Levando tais fatos em conta, já será suficiente para obtenção da resposta correta, sem necessidade de mais aprofundamento no peroxissomo. A afirmativa que condiz com nosso relato é a **alternativa D**.

UERJ 2018

Questão 35 (Citologia): A composição assimétrica da membrana plasmática possibilita alguns processos fundamentais para o funcionamento celular.

Um processo associado diretamente à estrutura assimétrica da membrana plasmática é:

A. síntese de proteínas

B. armazenamento de glicídios

C. transporte seletivo de substâncias

D. transcrição da informação genética

Resolução da questão 35 (Citologia): A síntese de proteínas não acontece na membrana, já que não há DNA nem RNA presente, muito menos ribossomos, o que já nos possibilita descartar as alternativas A e D. Apesar de haver alguns carboidratos na membrana celular, como na região glicocálix, não podemos considerar que seja um armazenamento de glicídios, os poucos glicídios presentes na membrana possuem sua função, sem o intuito de ser utilizado por outra fonte, portanto a alternativa B está incorreta. A alternativa que resta é a alternativa correta, **letra C**.

UNICENTRO 2018

Questão 36 (Citologia): Segundo o modelo de DNA proposto por James Watson e Francis Crick, a molécula é formada por duas longas cadeias dispostas em forma de dupla hélice. Dada cadeia apresenta uma sequência de nucleotídeos formadas por um grupo fosfato, uma desoxirribose e uma base nitrogenada que pode ser de quatro tipos:

A. Adenina (A), uracila (U), citosina (C) e guanina (G).

B. Adenina (A), uracila (U), fenilalanina (FA) e timina (T).

C. Adenina (A), alanina (Al), citosina (C) e timina (T).

D. Guanina (G), uracila (U), citosina (C) e timina (T).

E. Adenina (A), timina(T), citosina (C) e guanina (G).

Resolução da questão 36 (Citologia): Para responder corretamente esta questão é necessário conhecimento das 4 bases nitrogenadas que compõe as sequências de DNA, tais bases nitrogenadas são: Adenina, Timina, Guanina e Citosina. Portanto a única

alternativa correta é a **letra E**. Também é importante ressaltar que se estivéssemos falando de RNA a resposta seria diferente, já que no RNA não há timina, e sim uracila.

UNICENTRO 2018

Questão 37 (Citologia): Qual das alternativas abaixo apresenta os nomes de duas formas de divisão celular:

A. Mitose e meiose.

B. Fagocitose e pinocitose.

C. Osmose e anáfase.

D. Fagocitose e osmose.

E. Nenhuma das alternativas é correta.

Capítulo 3 – Perguntas e respostas

Resolução da questão 37 (Citologia): As duas formas de divisão são mitose e meiose, portanto a única alternativa correta é a **letra A**. Mitose consiste na divisão celular, onde todas as células geradas terão a mesma quantidade de material genético da célula que as gerou, diferente da meiose, que as células geradas terão apenas metade do material genético da célula oriunda. As outras alternativas citam Fagocitose, pinocitose e osmose, todos termos relacionados a entrada e saída de material na célula, não tendo relação com divisão celular.

UFF 2016

Questão 38 (Citologia): A membrana plasmática é constituída de uma bicamada de fosfolipídeos, onde estão mergulhadas moléculas de proteínas globulares. As proteínas aí encontradas:

A. estão dispostas externamente, formando uma capa que delimita o volume celular e mantém a diferença de composição molecular entre os meios intra e extracelular.

B. apresentam disposição fixa, o que possibilita sua ação no transporte de íons e moléculas através da membrana.

C. têm movimentação livre no plano da membrana, o que permite atuarem como receptores de sinais.

D. dispõem-se na região mais interna, sendo responsáveis pela maior permeabilidade da membrana a moléculas hidrofóbicas.

E. localizam-se entre as duas camadas de fosfolipídeos, funcionando como um citoesqueleto, que determina a morfologia celular.

Resolução da questão 38 (Citologia): Para respondermos corretamente esta alternativa devemos ter conhecimento de dois fatos sobre proteína e membrana celular. O primeiro é, conforme foi descoberto e defendido por cientistas, a membrana plasmática é fluida, seus componentes não são fixos e se movimentam, portanto, a proteína da membrana também não é fixa, tal fato é chamado de modelo de mosaico fluido, nos permitindo descartar a alternativa B. O segundo fato seria sobre os tipos de proteína na membrana plasmática, existem proteínas que estão apenas do lado externo da membrana e proteínas que atravessam toda a membrana, tendo contato tanto com o exterior quanto o interior, portanto é incorreto dizer que ocupam apenas o externo da membrana ou o interno ou, ainda pior, apenas o espaço entre as camadas de fosfolipídios. Sabendo disso, podemos descartar as alternativas A, D e E, nos restando apenas a alternativa correta, **letra C**.

UNP 2013

Questão 39 (Citologia): Os seres vivos, exceto os vírus, apresentam estrutura celular. Entretanto, não há nada que corresponda a uma célula típica, pois, tanto os organismos unicelulares como as células dos vários tecidos dos pluricelulares são muito diferentes entre si. Apesar dessa enorme variedade, todas as células vivas apresentam o seguinte componente:

A. retículo endoplasmático.

B. membrana plasmática.

C. aparelho de Golgi.

D. mitocôndria.

E. cloroplasto.

Resolução da questão 39 (Citologia): Uma célula só é uma célula se ela possuir estrutura, algo que a delimite, que possa lhe dar um formato, que possamos identifica-la e reconhece-la como algo além de simples material espalhado. Sem a membrana plasmática seria impossível para qualquer célula ser uma célula, afinal, ela seria restos espalhados, tendo contato com todo tipo de meio ao redor. A alternativa correta é a **letra B**.

PUC 2015

Questão 40 (Citologia): As células animais diferem das células vegetais porque estas contêm várias estruturas e organelas características. Na lista abaixo, marque a organela ou estrutura comum às células animais e vegetais.

A. vacúolo.

B. parede celular.

C. cloroplastos.

D. membrana celular.

Capítulo 3 – Perguntas e respostas

E. centríolo.

Resolução da questão 40 (Citologia): Como dito na questão anterior, todas as células necessitam de membrana celular para que possa ser delimitadas e conservadas suas estruturas ao mesmo tempo que trocam substâncias com o exterior. Este fato já nos possibilita identificar a alternativa certa sem a necessidade de conhecer as outras organelas citadas. A **letra D** é a alternativa correta.

UFU 2000

Questão 41 (Citologia): Assinale as afirmativas abaixo e assinale a alternativa correta.

I. Quando uma proteína é submetida a certos tratamentos químicos, ou a temperaturas elevadas, ela se altera, muitas vezes permanentemente, o que é chamado de desnaturação.

II. Não é a forma que determina o papel biológico das proteínas, mas a sequência de suas bases nitrogenadas.

III. O enrolamento de uma proteína na forma de uma hélice representa o que os químicos chamam de estrutura secundária.

IV. O colágeno é uma proteína estrutural muito abundante nos tendões, nas cartilagens e também nos ossos.

A. Somente IV está errada.

B. São corretas apenas III e IV.

C. I, III e IV são corretas.

D. II, III e IV são corretas.

Resolução da questão 41 (Citologia): A forma da proteína também é fundamental para que a mesma cumpra seu papel, existindo a possibilidade de uma mesma proteína ter mais de uma função, uma função em diferentes estados estruturais, portanto a afirmativa II não pode estar correta. Chamamos de desnaturação as mudanças de forma que uma proteína pode sofrer por influencias como o calor, assim a afirmativa I está correta. Levando tais fatos (II incorreta e I correta) em conta já é possível identificar a resposta correta, a **alternativa C**.

Capítulo 3 – Perguntas e respostas

UECE 2016

Questão 42 (Citologia): A célula eucariótica é compartimentada, a procariótica não. Esta afirmação faz sentido quando comparamos os dois padrões de organização celular sob o seguinte aspecto:

A. Dimensões celulares. A relação superfície/volume é maior na célula procariótica que na eucariótica. Assim, a célula procariótica apresenta-se com uma área superficial suficientemente grande para satisfazê-la em termos nutritivos. Ao mesmo tempo, o seu espaço interno é adequado à ocorrência das reações metabólicas num ambiente escompartimentado.

B. Relação nucleoplasmática. A relação nucleoplasmática varia de 1/1 a 1/3 na célula eucariótica, mostrando-nos que, enquanto o núcleo varia de volume, o citoplasma permanece com volume constante. Portanto, a compartimentação na célula eucariótica aumenta a superfície citoplasmática para fazer face ao aumento de volume do núcleo.

C. Presença de estruturas membranosas. A presença de mesossomo e nucléolo nas células procarióticas dispensa a presença de outras organelas citoplasmáticas.

D. Processo evolutivo. A compartimentação das células eucarióticas é decorrência do processo evolutivo desenvolvido no sentido da diminuição das suas superfícies internas, já que as superfícies externas crescem mais que o volume da célula, na medida em que as dimensões celulares aumentam.

Resolução da questão 42 (Citologia): A questão orienta para que seja escolhido a alternativa que tenha direta relação com o fato da célula eucarionte ser compartimentada e a procarionte não. Segundo o gabarito da universidade, a alternativa correta é a **letra A**, onde o fato da superfície das células procariontes serem maior, a torna hábil na captação de moléculas para sua nutrição em maiores quantidades, e seu grande espaço interno possibilita que suas estruturas sejam funcionais mesmo imersas no próprio citoplasma. Na minha opinião, esta não é uma

questão eficiente na abordagem do conhecimento sobre células eucariontes e procariontes e suas diferenciações membranosas, pelo fato de usar interpretações entre dois assuntos como se pertencentes a um só (metabolismo bacteriano e evolução dos organismos vivos), e afirmar como resposta correta algo que não há total relação com o anunciado. Ainda assim é possível identificar com facilidade a resposta correta por eliminação, já que as outras alternativas estão claramente incorretas.

MACKENZIE 2016

Questão 43 (Citologia): A respeito dos glicídios, é INCORRETO afirmar que:

A. podem constituir estrutura de sustentação de vegetais, mas nunca a de animais.

B. aparecem em moléculas como o ATP e o DNA.

C. constituem a principal fonte de energia para os seres vivos.

D. são produzidos em qualquer processo de nutrição autotrófica.

E. podem se apresentar na forma simples ou como cadeias.

Resolução da questão 43 (Citologia): A alternativa certa é a **letra A**, por ser a única afirmativa incorreta. Carboidratos também fazem parte da sustentação das células animais, um exemplo de sua presença é o glicocálix, estrutura da membrana plasmática formada por carboidratos que garante a integridade da membrana, principalmente contra choques mecânicos.

UNIFESP 2009

Questão 44 (Citologia): A sonda Phoenix, lançada pela NASA, explorou em 2008 o solo do planeta Marte, onde se detectou a presença de água, magnésio, sódio, potássio e cloretos. Ainda não foi detectada a presença de fósforo naquele planeta. Caso esse elemento químico não esteja presente, a vida, tal como a conhecemos na Terra, só seria possível se em Marte surgissem formas diferentes de

A. DNA e proteínas.

B. ácidos graxos e trifosfato de adenosina.

C. trifosfato de adenosina e DNA.

D. RNA e açúcares.

E. Ácidos graxos e DNA.

Capítulo 3 – Perguntas e respostas

Resolução da questão 44 (Citologia): Como o fósforo é um componente fundamental do ATP (trifosfato de adenosina) e DNA, e os mesmos são fundamentais para a vida que conhecemos na Terra, podemos afirmar a **letra C** como a alternativa correta. Já que sem os fósforos, outros mecanismos deveriam existir para as funções genéticas e de energia dos prováveis organismos em Marte.

UFRS 2005

Questão 45 (Citologia): Assinale com V (verdadeiro) ou F (falso) as seguintes considerações sobre o colesterol, um lipídio do grupo dos esteroides.

( ) Ele participa da composição da membrana plasmática das células animais.
( ) Ele é sintetizado no pâncreas, degradado no fígado e excretado na forma de sais biliares.
( ) Ele é precursor dos hormônios sexuais masculino e feminino.
( ) Ele é precursor da vitamina B.
( ) As formas de colesterol HDL e LDL são determinadas pelo tipo de lipoproteína que transporta o colesterol.

A sequência correta de preenchimento dos parênteses, de cima para baixo, é

A. V - F - V - F - V.

B. F - V - F - F - V.

C. V - V - F - V - F.

D. F - F - V - V - F.

E. V - V - F - V - V.

Resolução da questão 45 (Citologia): A alternativa correta é a **letra A**, onde é acusado a segunda e quarta afirmação como falsa. A segunda afirmação é incorreta por sua descrição da sintetização do colesterol, este sendo sintetizado por diversos tipos celulares, onde a maioria ocorre no tecido hepático, intestino, glândulas adrenais e gônadas. Já a quarta afirmação, é incorreta por simplesmente afirmar que o colesterol é precursor da vitamina B, dando a entender que precisamos do colesterol para produzirmos tais vitaminas. Vitaminas são chamadas de vitaminas justamente pelo fato de não as produzirmos (exceto vitamina D), sendo necessário seu consumo, portanto a vitamina B precisa ser necessariamente consumida já como vitamina B, não havendo nenhum tipo de metabolização para sua geração.

UNIFESP 2009

Questão 46 (Citologia): Considere as três afirmações:

I. Somos constituídos por células mais semelhantes às amebas do que às algas unicelulares.

II. Meiose é um processo de divisão celular que só ocorre em células diplóides.

III. Procariontes possuem todas as organelas citoplasmáticas de um eucarionte, porém não apresentam núcleo.

Está correto o que se afirma em:

A. I, apenas.

B. II, apenas.

C. III, apenas.

D. I e II, apenas.

E. I, II e III.

Resolução da questão 46 (Citologia): A resposta correta é a **alternativa D**, onde acusa as alternativas I e II como certas. A afirmativa III é incorreta pois afirma que procariontes possuem todas as organelas dos eucariontes, exceto núcleo, o que não é verdade. Sabemos que além do núcleo as células procariontes também não possuem nenhuma organela membranosa, sendo estas comuns no citoplasma das células eucariontes.

UFMG 2010

Questão 47 (Citologia): Observe estas figuras:

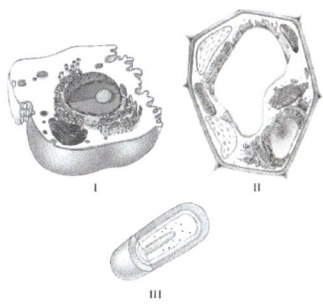

Capítulo 3 – Perguntas e respostas

Considerando-se as informações contidas nessas figuras e outros conhecimentos sobre o assunto, é CORRETO afirmar que,

A. em II, ocorre fixação de dióxido de carbono.

B. em III, a obtenção de energia depende de mitocôndrias.

C. em I e II, a transcrição e a tradução ocorrem no mesmo compartimento.

D. em I e III, os tipos de bases nitrogenadas são diferentes.

Resolução da questão 47 (Citologia): A resposta correta é a **letra A**, na qual afirma a existência de fixação de dióxido de carbono na estrutura número II que é claramente uma célula vegetal. As células vegetais realizam fotossíntese, e o princípio da fotossíntese é a transformação de dióxido de carbono e água em energia através da luz solar, portanto a alternativa A está correta. A alternativa B está incorreta por afirmar que a estrutura número III, que é claramente uma célula procarionte, possui mitocôndrias. Células procariontes não possuem organelas membranosas, isso inclui as mitocôndrias. A alternativa C aparentemente tem o intuito de nos fazer errar por interpretação, já que afirma que a transcrição e a tradução tanto da estrutura I quanto da II acontece no mesmo compartimento. Se pensarmos em uma comparação, a alternativa pode estar correta, já que tanto na célula animal quanto na vegetal a síntese proteica é muito semelhante. Porém o que a alternativa quis dizer é que a transcrição e a tradução ocorrem no mesmo compartimento, no mesmo local, tanto na célula animal quanto na vegetal, e sabemos que não é verdade, já que a síntese proteica envolve o núcleo, ribossomos e estruturas no citoplasma. A alternativa D está incorreta pois as bases nitrogenadas são as mesmas tanto nas células eucariontes quanto nas procariontes.

UFF 2009

Questão 48 (Citologia): Os estudos de evolução humana utilizam frequentemente como alvo para análise molecular o DNA-mitocondrial, devido a sua herança exclusivamente materna.

Assinale a alternativa que descreve o papel do DNA mitocondrial na fisiologia da célula.

A. Conter informações para a síntese de enzimas mitocondriais.

Capítulo 3 – Perguntas e respostas

B. Fornecer informações para proteínas envolvidas na contração mitocondrial, durante a respiração celular.

C. Fornecer energia à célula pelo ciclo de Krebs.

D. Conter informações para a síntese de enzimas da via glicolítica.

E. Fornecer informações para a duplicação do DNA nuclear.

Resolução da questão 48 (Citologia): A alternativa correta é a **letra A**, todas as enzimas utilizadas pela mitocôndria são feitas a partir de informações que se encontram na própria mitocôndria, em seu material genético. A alternativa B está errada por não haver nexo em suas afirmações, afirmando uma mistura de respiração celular com contração mitocondrial e síntese de proteínas. Podemos desconsiderar a alternativa C pois o DNA mitocondrial não atua no ciclo de Krebs de forma direta, apesar que com suas informações é possível fabricar moléculas que façam parte do ciclo, porém é mais evidente a importância das moléculas provindas da célula atuando no ciclo do que as moléculas provindas do DNA mitocondrial. A alternativa D está incorreta pois a via glicolítica envolve as mais variadas estruturas bioquímicas, sendo fundamental as enzimas e proteínas provindas do DNA da célula. Já a alternativa E dá a entender que o DNA mitocondrial teria influência no DNA nuclear da célula, o que não há relação, já que tanto a divisão celular da mitocôndria quanto da célula na qual está presente, são independentes. Portanto apenas a alternativa A está correta.

UFRGS 2007

Questão 49 (Citologia): Em um experimento em que foram injetados aminoácidos radioativos em um animal, a observação de uma de suas células mostrou os seguintes resultados: após 3 minutos, a radioatividade estava localizada na organela X (demonstrando que a síntese de proteínas ocorria naquele local); após 20 minutos, a radioatividade passou a ser observada na organela Y; 90 minutos depois, verificou-se a presença de grânulos de secreção de radioativos, uma evidência de que as proteínas estavam próximas de serem exportadas.

As organelas X e Y referidas no texto são, respectivamente,

A. o complexo golgiense e o lisossomo.

B. o retículo endoplasmático liso e o retículo endoplasmático rugoso.

C. a mitocôndria e o ribossomo.

D. o retículo endoplasmático rugoso e o complexo golgiense.

E. o centríolo e o retículo endoplasmático liso.

Resolução da questão 49 (Citologia): A alternativa correta é a **letra D**. O objetivo da questão é evidenciar o papel do reticulo rugoso, no qual possui atuação na síntese de proteínas, e o complexo de Golgi, no qual o atribuímos a capacidade de exportação de proteínas, portanto a atuação do complexo de Golgi seria posterior à atuação do retículo rugoso. Porém quando levamos em conta que a síntese proteica é complexa, e envolve o material genético em várias etapas, a simples inserção de aminoácidos descrita na questão pode parecer um tanto inadequada perante os resultados descritos. Mas podemos, ainda assim, ignorar tal fato e acertar a questão excluindo as outras alternativas, as quais se mostram improváveis pela sequência e escolha das organelas citadas.

UFF 2004

Questão 50 (Citologia): Até a metade do século passado, só era possível observar células ao microscópio óptico. Com a evolução da tecnologia, novos aparelhos passaram a ser empregados no estudo da célula. Hoje em dia são utilizados microscópios informatizados e com programas que permitem o processamento de imagens obtidas como as representadas nas figuras abaixo:

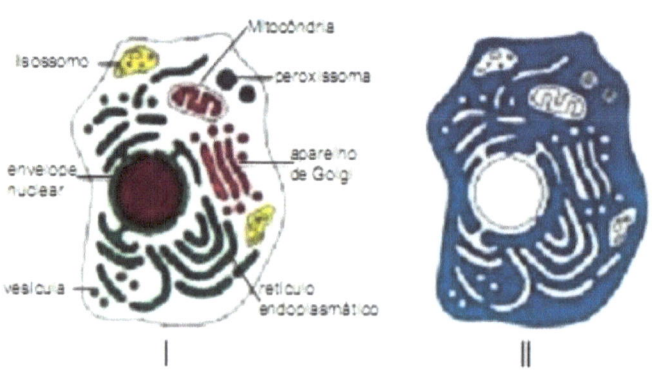

Capítulo 3 – Perguntas e respostas

Na figura I, várias organelas foram identificadas e evidenciadas por diferentes cores. Após a remoção de todas as organelas delimitadas por membranas da figura I, restou a região de cor azul (figura II).

Assinale a alternativa que identifica a região azul e duas estruturas celulares encontradas nessa região.

A. hialoplasma - microtúbulo e cariomembrana.

B. citoplasma - centríolo e desmossomo.

C. citosol - ribossomo e microtúbulo.

D. citoplasma - corpúsculo basal e endossomo.

E. citosol - microtúbulo e vacúolo.

Resolução da questão 50 (Citologia): A resposta correta é a **alternativa C**. Hialoplasma, citoplasma e citosol são sinônimos, portanto o conhecimento de nenhum destes seria útil para eliminarmos alternativas. A cariomembrana (carioteca) da alternativa A é o compartimento nuclear, que é uma espécie de membrana delimitante para o material genético, portanto deve ser desconsiderada, já que organelas membranosas foram removidas. Quanto a letra B, cita o desmossomo, uma estrutura extracelular, na qual une células umas nas outras, não tendo relação com a questão. O corpúsculo basal citado pela alternativa D também é uma estrutura extracelular que apenas células flageladas possuem, nos permitindo descartar a questão. A alternativa E, que cita o vacúolo, apesar de já sabermos que a célula animal pode possuir algumas espécies de vacúolos, a estrutura propriamente dita continua sendo característica das células vegetais, portanto não é esperado encontramos vacúolos na figura II que é uma célula animal. Porém é importante salientar que hoje sabemos que as células animais podem possuir vacúolos, a maioria minúsculos, por conta disso passamos a chamar de "vacúolos de armazenamento" os vacúolos que aprendemos na escola, sendo este específico das células vegetais.

3.2 – Histologia

FACTHUS 2017

Questão 51 (Histologia): Sabemos que existe uma grande variedade de tecidos conjuntivos, com as mais diversas funções. Entre os tecidos a seguir, marque a alternativa que indica tecidos conjuntivos relacionados com a sustentação do corpo:

A. Tecido conjuntivo propriamente dito e ósseo.

B. Tecido ósseo e adiposo.

C. Tecido cartilaginoso e linfático.

D. Tecido cartilaginoso e ósseo.

E. Tecido linfático e sanguíneo.

Resolução da questão 51 (Histologia): O tecido cartilaginoso e ósseo são os típicos tecidos relacionados à sustentação do corpo em praticamente todas as literaturas, digo praticamente todas porque há algumas literaturas que evidenciam o importante papel do tecido adiposo e o tecido propriamente dito na correta estruturação do corpo. Levando tais fatos em conta, podemos afirmar a **alternativa D** como a resposta correta. O tecido linfático, sanguíneo, adiposo e propriamente dito, não são relacionados à sustentação do corpo, apesar de terem papeis fundamentais no correto funcionamento deste, que, como disse, algumas literaturas gostam de enfatizar.

FACTHUS 2017

Questão 52 (Histologia): Sabe-se que células epiteliais acham-se fortemente unidas, sendo necessário uma força considerável para separá-las. Isto se deve à ação:

A. do ATP, que se prende as membranas plasmáticas das células vizinhas.

B. da substância intercelular.

C. dos desmossomos.

D. dos centríolos.

E. da parede celular celulósica.

Resolução da questão 52 (Histologia): A resposta correta é a alternativa C, sendo os desmossomos as estruturas especificamente responsáveis pela aderência entre as células. O ATP são moléculas usadas como energia pelas células e não possui relação com o desmossomo, muito menos os centríolos, que são organelas

Capítulo 3 – Perguntas e respostas

relacionadas à divisão celular. A substância intercelular das células também não possui relação com a capacidade de aderência. E por fim, a parede celular celulósica, são as paredes das células vegetais, que também não possui relação com a questão, já que estamos nos referindo as células epiteliais (células da pele). Portanto apenas a **alternativa C** está correta.

PUC 2007

Questão 53 (Histologia): Os tendões são estruturas formadas, principalmente, por tecido:

A. Ósseo

B. Muscular

C. Adiposo

D. Conjuntivo

E. Cartilaginoso

Resolução da questão 53 (Histologia): A **alternativa D** é a resposta correta. Quem possui o conhecimento básico sobre os tecidos pode eliminar a maioria das alternativas, restando, na maior parte das vezes, dúvidas apenas entre cartilaginoso e conjuntivo, já que o tecido cartilaginoso também é um tecido conjuntivo, porém especializado. O tecido cartilaginoso, apesar de possuir características que remetem muito aos atributos dos tendões, não os engloba. O tecido conjuntivo dos tendões é chamado mais especificamente de conjuntivo denso modelado. Portanto a única alternativa correta é a letra D.

USJ 2018

Questão 54 (Histologia): O tecido que desempenha as funções de revestimento de superfícies e cavidades, absorção, secreção e percepção sensorial é denominado

A. muscular.

B. epitelial.

C. nervoso.

D. conjuntivo.

Capítulo 3 – Perguntas e respostas

Resolução da questão 54 (Histologia): Se soubermos do que se trata cada um dos tecidos das alternativas, podemos perceber quais os inadequados para a descrição da questão. O tecido muscular não possui a função de revestir superfícies e cavidades, apesar de revestir algumas. Muito menos o tecido nervoso, que, apesar de ter relação com a percepção sensorial descrito na questão, não reveste superfícies e cavidades. O tecido conjuntivo é sempre alvo de muitas dúvidas, por possuir diversas especificações e tipos, porém apenas um tecido possui exatamente as qualidades da questão: O tecido epitelial, no qual é capaz de revestir superfícies, como por exemplo a pele. Revestir cavidades, por exemplo o epitélio intestinal. Absorção, como no caso do epitélio intestinal que absorve os alimentos. A pele, que absorve alguns cosméticos. E por fim a secreção, como o tecido epitelial glandular, que produz muco. Portanto a alternativa correta é a **letra B**, o tecido epitelial.

PUC 2015

Questão 55 (Histologia): Um tecido animal formado por células e substância intercelular com predomínio de fibras colágenas tem como principal função:

A. armazenar reservas.

B. dar resistência.

C. receber estímulos.

D. produzir contrações.

E. secretar substâncias.

Resolução da questão 55 (Histologia): A afirmativa correta é a alternativa B, já que a fibra não é uma substância com capacidade de secreção e armazenagem, além de não ter uma característica elástica. Também não é encontrado conexões nervosas na maioria dos colágenos intercelulares dos tecidos. Tais fatos nos permite descartar todas as alternativas, exceto a correta, **letra B**.

UNIMAR 2016

Questão 56 (Histologia): Assinale a alternativa INCORRETA.

A. A resistência e a rigidez do tecido ósseo ocorrem devido à associação entre fibras colágenas e fosfato de cálcio.

B. O epitélio glandular pode ser responsável por secreções denominadas endócrinas.

C. O tecido conjuntivo tem a função de preencher os espaços entre os órgãos.

D. O tecido adiposo é um tipo de tecido epitelial, podendo ser encontrado nos contornos do corpo, para amortecimento de choques.

E. O epitélio de revestimento recobre a superfície do corpo, a superfície dos órgãos internos e as cavidades do corpo.

Resolução da questão 56 (Histologia): A alternativa incorreta é a **letra D**. O tecido adiposo não é um tipo de tecido epitelial, e sim um tipo de tecido conjuntivo.

PUC 2002

Questão 57 (Histologia): Analise as afirmações relacionadas à ilustração de uma secção de um tecido humano:

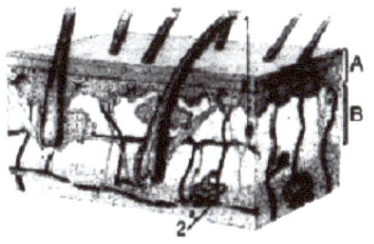

I – As camadas A e B são respectivamente derme e epiderme.

II – A camada A pode ser constituída de epitélio estratificado.

III – As estruturas 1 e 2 são glândulas exócrinas.

Está correta ou estão corretas:

A. I, II e III.

B. Apenas I e II.

C. Apenas II e III.

D. Apenas I e III.

E. Apenas II.

Resolução da questão 57 (Histologia): A alternativa correta é a **letra E**, onde afirma que apenas a afirmação II está correta. As camadas A e B não são respectivamente derme e epiderme, e sim epiderme e derme, permitindo-nos desclassificar a afirmação I. Já sobre a afirmação III, apesar do indicador 2 da imagem ser uma glândula sudorípara, a estrutura 1 é aparentemente um mecanorreceptor, portanto a afirmação III está incorreta.

MACKENZIE 1998

Questão 58 (Histologia): A respeito do tecido cartilaginoso, é correto afirmar que:

A. apresenta vasos sanguíneos para sua oxigenação.

B. possui pouca substância intercelular.

C. aparece apenas nas articulações.

D. pode apresentar fibras protéicas como o colágeno entre suas células.

E. se origina a partir do tecido ósseo.

Resolução da questão 58 (Histologia): A alternativa correta é a **letra D**. O tecido cartilaginoso é caracterizado como avascular, portanto a alternativa A não pode estar correta. O tecido cartilaginoso é originado a partir dos condrócitos e condroblastos, que se nutrem a partir do líquido sinovial, e sua origem não se consiste de mudanças a partir de um tecido ósseo, nos permitindo desconsiderar a alternativa E. O tecido cartilaginoso também é rico de matéria intercelular, sendo comum o isolamento das células por conta do extenso material formado, portanto a letra B está errada. A alternativa C também está incorreta, o tecido cartilaginoso não é exclusivo das articulações, também está presente na orelha e no nariz.

PROSEL 2010

Questão 59 (Histologia): Um estudante, observando ao microscópio de luz um material contido em uma lâmina de vidro, constatou a presença de estruturas presentes na figura abaixo. O tecido observado pelo estudante corresponde ao:

A. Ósseo.

B. Cartilaginoso.

C. Muscular liso.

D. Muscular cardíaco.

E. Muscular esquelético.

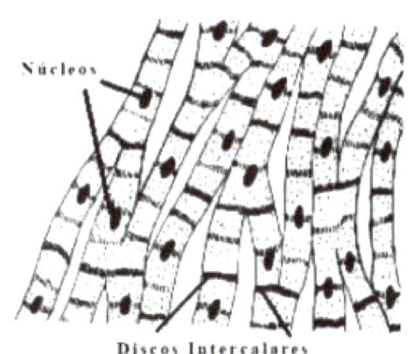

Resolução da questão 59 (Histologia): A resposta correta é a **alternativa D**, músculo cardíaco. Todos os músculos apresentam células de aspecto filamentoso, como na imagem, porém há características específicas para cada tipo de musculatura. No caso da imagem, é evidenciado os discos intercalares, estrutura exclusiva do tecido cardíaco.

Uma característica também evidente na imagem e exclusiva do tecido cardíaco é a divisão dos filamentos celulares, onde um filamento se torna dois, três, ao longo de seu prolongamento.

FACTHUS 2017

Questão 60 (Histologia): Tecido de ampla distribuição subcutânea, exercendo funções de reservas de energia, proteção contra choques mecânicos e isolamento térmico. Tal descrição pode ser atribuída ao tecido

A. Epitelial.

B. Conjuntivo cartilaginoso.

C. Adiposo.

D. Conjuntivo ósseo.

E. Muscular.

Resolução da questão 60 (Histologia): A alternativa correta é a **letra C**. O tecido adiposo é o tecido gorduroso, onde os adipócitos (células do tecido adiposo) possuem a capacidade de armazenar lipídios em seu citoplasma, podendo se expandir a medida que armazena. Armazenar lipídios é uma característica da maioria dos animais, tal característica nos proporciona obter energia, mesmo em momentos de escassez nutricional. Além disso, a capacidade do tecido adiposo servir como isolante de temperatura, proporciona aos animais, que vivem em ambientes de baixíssimas temperaturas, a sobrevivência. Além disso o tecido conjuntivo possui uma localização entre órgãos e tecidos que nos garante uma maior resistência a choques mecânicos.

FACTHUS 2017

Questão 61 (Histologia): Os epitélios de revestimento podem ser classificados em relação ao número de camadas celulares e à forma das células presentes. Existem epitélios que apresentam apenas uma simples camada de células, entretanto, estas estão dispostas em diferentes alturas, conferindo ao tecido a impressão de que se trata de um epitélio formado por mais de uma célula. Esse tipo de tecido epitelial, em relação ao número de camadas celulares, recebe o nome de:

A. Tecido epitelial simples estratificado.

B. Tecido epitelial cúbico.

C. Tecido epitelial de transição.

D. Tecido epitelial pseudoestratificado.

E. Tecido epitelial estratificado.

Resolução da questão 61 (Histologia): Alternativa D, epitelial pseudoestratificado. O epitélio pseudoestratificado, quando visto histologicamente, aparenta ser uma camada de várias células, por possuir uma organização não uniforme, onde algumas células são maiores, mais largas, outras mais curtas e baixas. Apesar de tal desorganização, não os consideramos como um tecido de multicamadas como o tecido estratificado, que possui reais camadas de células, umas acima das outras.

PUCRS 2001

Questão 62 (Histologia): Responder à questão é preciso relacionar corretamente os tipos de tecidos apresentados.

1 – Formado por células altamente especializadas, responsáveis pela regulação interna do organismo e coordenação funcional.

2 – Reveste superfícies articulares facilitando movimentos e amortecendo choques mecânicos.

3 – Tecido de revestimento formado por uma ou mais camadas de células, sem vascularização.

4 – Actina e miosina, proteínas responsáveis pela contração, são abundantes neste tecido.

( ) Tecido epitelial

( ) Tecido nervoso

( ) Tecido muscular

( ) Tecido cartilaginoso

A numeração correta da coluna da acima, de cima para baixo, é:

A. 1-4-3-2.

B. 2-1-4-3.

C. 2-3-1-4.

D. 3-1-4-2.

E. 3-4-2-1.

Resolução da questão 62 (Histologia): A **alternativa D** é a afirmação correta. Para responder corretamente à questão é necessário entender algumas características dos tecidos citados, como a ausência de vascularização no tecido epitelial, a localização do tecido cartilaginoso, o reconhecimento da actina e miosina no tecido muscular, o tecido nervoso como responsável pelas funções motoras, entre outras funções.

UFAL 2010

Questão 63 (Histologia): A diferenciação celular, que acontece no decorrer do desenvolvimento embrionário, leva à formação de grupos de células especializadas em realizar determinadas funções. Cada um desses grupos de células constitui um tecido. Quatro tecidos estão ilustrados nas figuras abaixo:

Capítulo 3 – Perguntas e respostas

A alternativa que indica corretamente os tecidos que compõem os rins, o fêmur, as fossas nasais (mucosa) e o coração, respectivamente, é:

A. 1, 3, 4 e 2.

B. 4, 3, 2 e 1.

C. 2, 4, 1 e 3.

D. 3, 2, 4 e 1.

E. 1, 2, 3 e 4.

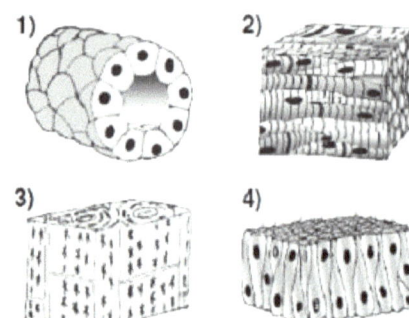

Resolução da questão 63 (Histologia): A alternativa correta é a **letra A**. Algumas das estruturas mais evidentes, que já nos possibilita identificar o tecido, são, ao meu ver, o tecido ósseo, representado pela figura 3, onde é notável a aparência compacta e as marcas dos canais de Havers e Volkmann. A figura 2 também, ao meu ver, é nítido a

aparência de tecido muscular, em filamentos, e mais especificamente cardíaco, por ter filamentos que se dividem e estão repletos de discos intercalares (cortes verticais ao longo da célula). Identificando estes dois tecidos já é suficiente para responder corretamente a questão.

FCC 2013

Questão 64 (Histologia): Podemos afirmar que os músculos lisos:

A. contraem-se voluntariamente.

B. são também chamados de músculos esqueléticos.

C. são encontrados apenas em vertebrados.

D. contraem-se lentamente.

E. são também chamados músculos cardíacos.

Resolução da questão 64 (Histologia): A resposta correta é a **alternativa D**. Os músculos lisos se contraem involuntariamente, isto explica o fato de não controlarmos as contrações do estomago e intestino por exemplo. O tecido liso é considerado o tecido com contrações mais discretas entre todos os tipos de tecidos musculares, isso porque, apesar de termos o controle voluntário da musculatura

Capítulo 3 – Perguntas e respostas

esquelética, os músculos que movimentamos são considerados portadores de intenso poder mecânico, devido sua flexão, extensão e resistência. Portanto entre todos os tecidos musculares, é aceitável se referir à musculatura lisa como uma musculatura de contração mais lenta.

UDESC 2008

Questão 65 (Histologia): O organismo animal é constituído por um conjunto de tecidos que formam diferentes órgãos. Em relação a esses tecidos, é incorreto afirmar que o tecido:

A. conjuntivo possui riqueza de material (matriz) extracelular, com numerosas fibras de colágeno, reticular e elastina, que oferecem preenchimento e sustentação dos órgãos.

B. ósseo apresenta riqueza de cálcio e fosfato e oferece proteção a alguns órgãos importantes, como o pulmão e o cérebro.

C. muscular é constituído por fibras protéicas, muitos vasos sanguíneos e ausência de nervos.

D. capaz de realizar as funções de revestimento e secreção é o tecido epitelial.

E. adiposo possui células que podem estar agrupadas ou isoladas no organismo, e está relacionado ao armazenamento de energia e proteção térmica.

Resolução da questão 65 (Histologia): A alternativa incorreta é a **letra C**. O tecido muscular realmente é constituído de fibras proteicas, com muitos vasos sanguíneos. Porém é incorreto dizer que há a ausência de nervos, já que é graças a inervação presente nos músculos que nossos impulsos nervosos são recebidos e realizados.

UFPB 2009

Questão 66 (Histologia): Em uma aula prática de histologia animal, o professor entregou aos seus alunos quatro lâminas histológicas com material preparado a partir dos seguintes tecidos animais:

- Lâmina 1: Secção de tecido de cérebro humano.
- Lâmina 2: Secção de tecido muscular de perna de boi.
- Lâmina 3: Secção de tecido cartilaginoso de tubarão.

Capítulo 3 – Perguntas e respostas

- Lâmina 4: Secção de tecido de pele humana.

Após observarem ao microscópio de luz, os alunos identificaram nas lâminas 1, 2, 3 e 4, respectivamente, os seguintes tipos celulares:

A. Melanócitos, gliócitos, miócitos e condroblastos.

B. Gliócitos, miócitos, condroblastos e melanócitos.

C. Miócitos, condroblastos, melanócitos e gliócitos.

D. Condroblastos, melanócitos, gliócitos e miócitos.

E. Miócitos, gliócitos, condroblastos e melanócitos.

Resolução da questão 66 (Histologia): A alternativa correta é a **letra B**. Gliócitos são células específicas do sistema nervoso central na qual têm como principal função dar suporte aos neurónios. Miócito é sinónimo de fibra muscular, ou seja, miócitos são células musculares. Já os melanócitos, como o nome já evidencia, se remete a melanina, que, consequentemente, nos remete à pele, nos fazendo concluir sua origem. E por fim os condroblastos, que são células que formam a matriz da cartilagem. Lembrar dos condroprotetores, remédios usados comumente por portadores de problemas reumáticos, é uma boa forma de se remeter à célula condroblasto.

UDESC 2016

Questão 67 (Histologia): Assinale a alternativa que apresenta corretamente alguns tipos celulares e o tecido onde eles são tipicamente encontrados.

A. Osteoblastos – Tecido Epitelial.

B. Astrócitos – Tecido Conjuntivo.

C. Fibroblastos – Tecido Muscular.

D. Condrócitos – Tecido Nervoso.

E. Gliócitos – Tecido Nervoso.

Resolução da questão 67 (Histologia): A alternativa correta é a **letra E**. Como dito na questão anterior, os gliócitos são células específicas do sistema nervoso central na qual têm como principal função o suporte aos neurónios. Os osteoblastos são células do tecido ósseo, os astrócitos do sistema nervoso, os fibroblastos do tecido conjuntivo, e por fim, os condrócitos que são do tecido cartilaginoso, restando apenas a alternativa E como correta.

PUC 2009

Questão 68 (Histologia): A fotomicrografia apresentada é de um tecido que tem as seguintes características: controle voluntário, presença de células multinucleadas, condrioma desenvolvido, alto gasto energético, riqueza de microfilamentos. Podemos afirmar que se trata do tecido:

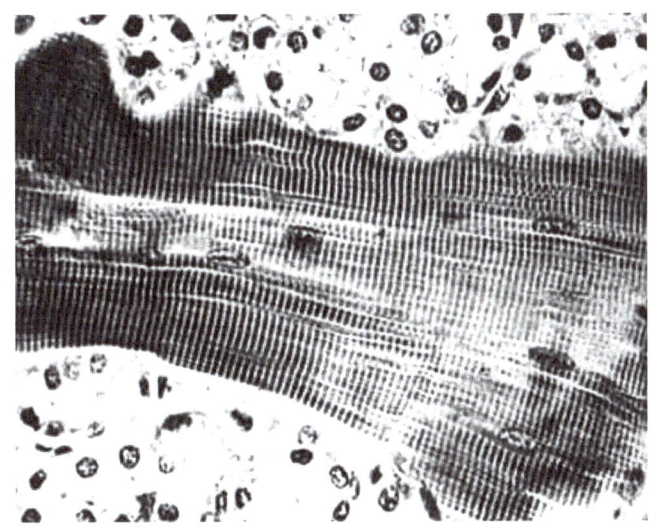

HAM, Arthur W. Histologia. RJ: Guanabara Koogan. 1977.

A. muscular estriado.

B. epitelial.

C. conjuntivo propriamente dito.

D. adiposo.

E. ósseo.

Resolução da questão 68 (Histologia): Saber que o tecido possui a característica de controle voluntário já é suficiente para responder a questão, sem nem sequer termos a necessidade da imagem, já que não controlamos os tecidos ósseos, adiposos, conjuntivos e muito menos o epitelial, além de não controlarmos também tecidos musculares específicos, como o cardíaco e o liso. O tecido da imagem é, então, um tecido muscular esquelético. A resposta correta é a **alternativa A**.

PUC 2009

Questão 69 (Histologia): A fotomicrografia apresentada a seguir é de um tecido que apresenta as seguintes características: riqueza de substância intercelular, tipos celulares variados e presença de fibras na matriz extracelular. Podemos afirmar que se trata do tecido:

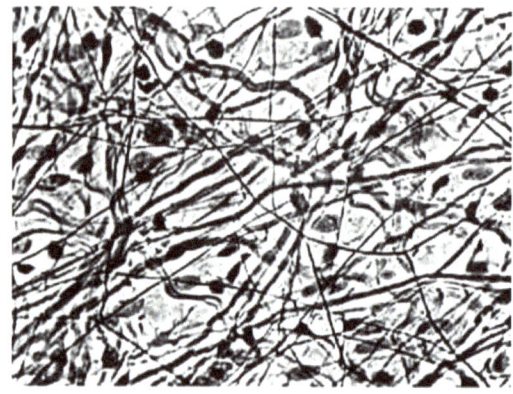

HAM, Arthur W. Histologia. RJ: Guanabara Koogan. 1977.

A. nervoso.

B. epitelial.

C. conjuntivo.

D. cartilaginoso.

E. muscular.

Resolução da questão 69 (Histologia): A alternativa correta é a **letra C**. A riqueza de matriz intercelular é característica dos tecidos conjuntivos, porém o tecido cartilaginoso, da alternativa D, também é um tecido conjuntivo. A então diferenciação de um tecido conjuntivo propriamente dito de um tecido conjuntivo cartilaginoso pode ser feita, de forma mais eficiente, através da imagem, onde não é notado os condrócitos (células dos tecidos cartilaginosos) e as lacunas formadas geradas pelos condrócitos, que é a principal característica histológica de um tecido cartilaginoso. Portanto podemos afirmar que se trata de um tecido conjuntivo, letra C.

Capítulo 3 – Perguntas e respostas

UFF 2010

Questão 70 (Histologia): As glândulas multicelulares se formam a partir da proliferação celular de um tecido e, após a sua formação ficam imersas em outro tecido, recebendo nutrientes e oxigênio. De acordo com o tipo de secreção que é produzido, as glândulas são classificadas basicamente em endócrinas e exócrinas. Entretanto, existe uma glândula que possui duas partes, uma exócrina e outra endócrina. A figura abaixo mostra um esquema comparativo da formação de dois tipos de glândulas.

Com base na figura, assinale a opção que identifica, respectivamente, o tecido de onde as glândulas se originam, o tecido onde elas ficam imersas, a glândula I, a glândula II e um exemplo de uma glândula exócrina.

A. Tecido epitelial, tecido conjuntivo, glândula exócrina, glândula endócrina e glândula salivar.

B. Tecido conjuntivo, tecido epitelial, glândula exócrina, glândula endócrina e tireoide.

C. Tecido epitelial, tecido conjuntivo, glândula endócrina, glândula exócrina e pâncreas.

D. Tecido conjuntivo simples, tecido epitelial, glândula endócrina, glândula exócrina e paratireoide.

E. Tecido conjuntivo frouxo, tecido epitelial, glândula endócrina, glândula exócrina e glândula lacrimal.

Resolução da questão 70 (Histologia): A alternativa correta é a **letra A**. O tecido onde as glândulas se originam pela imagem é o tecido epitelial, por notarmos na imagem a lâmina basal, sendo uma estrutura característica entre o epitélio e o tecido conjuntivo. O tecido abaixo do epitelial, onde as células ficam imersas para a formação da glândula, é o tecido conjuntivo. A glândula I é nitidamente uma glândula exócrina, por estar evidente na imagem que as substâncias produzidas saem por uma lacuna no tecido epitelial, alcançando o meio externo, e quando as substâncias produzidas pelas glândulas vão para o meio externo, podemos caracterizar tais glândulas como exócrinas. Diferente da glândula I, a glândula II é nitidamente uma glândula endócrina, por estar evidente na imagem o contato com vasos sanguíneos e a ausência de lacunas para que sua secreção vá para o exterior. Em seguida é necessário um exemplo de glândula exócrina. Nas opções, tanto a glândula salivar e a glândula lacrimal são glândulas exócrinas, pois produzem substâncias que alcançam o meio exterior. Porém apenas uma alternativa coincide todas as afirmações que fizemos, sendo esta a letra A.

PUC 2007

Questão 71 (Histologia): Observe o esquema, que representa células do tecido muscular estriado cardíaco humano.

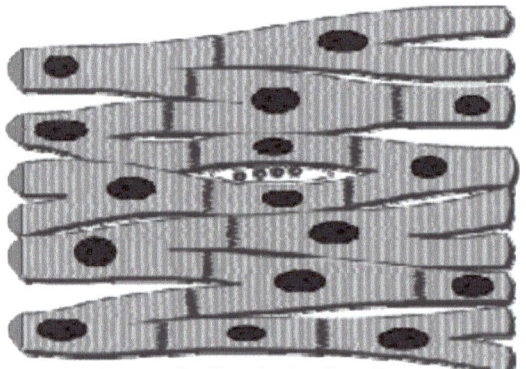

Músculo Estriado Cardíaco

Sobre esse assunto, assinale a afirmativa INCORRETA.

A. A contração dessa musculatura, em condições normais, depende de um sistema próprio gerador de impulsos.

B. As células musculares cardíacas apresentam, em seu citoplasma, actinas, miosinas e mioglobinas.

C. As células musculares cardíacas podem realizar contração, mesmo sem estímulos do sistema nervoso central.

Capítulo 3 – Perguntas e respostas

D. As células musculares cardíacas apresentam intenso consumo de oxigênio que é recebido diretamente do sangue contido nos átrios e nos ventrículos.

Resolução da questão 71 (Histologia): A contração muscular do coração realmente vem de um sistema próprio, e não necessita de estímulos do sistema nervoso central. O coração, por ser constituído de células, também necessita de oxigênio, seu recebimento de sangue e consequente liberação de carbono é feito por artérias e veias chamadas coronárias. As artérias coronárias saem pela própria aorta, logo em seu início, alcançando todo o coração. Então, quando o coração bombeia, o sangue sai do ventrículo esquerdo em direção a aorta, que ganhará ramificações para todo o corpo. Uma pequena parte do sangue bombeado pelo ventrículo alcança as artérias coronárias imediatamente, e no relaxamento do coração também há sangue direcionado para tais artérias, devido aos resquícios de sangue do bombeamento, que são capazes de adentra-las. Tais fatos nos permite concluir que a **alternativa D** está incorreta, pois o sangue que oxigena o coração não é recebido diretamente dos átrios (perceba que a alternativa afirma "átrios" no plural), e sim das artérias coronárias ramificadas logo no início da aorta que conduz o sangue bombeado pelo ventrículo esquerdo. Portanto a alternativa incorreta é a letra D.

UFSCar 2006

Questão 72 (Histologia): A duração de uma hemácia no tecido sanguíneo humano é de 90 a 120 dias. Por serem continuamente renovadas, torna-se necessária a remoção constante das hemácias envelhecidas do sangue.

A. Onde ocorre a produção de novas hemácias e em que órgãos ocorre sua remoção?

B. Na parte líquida do sangue, chamada plasma, encontram-se determinadas proteínas, como as globulinas e as albuminas. Qual a função de cada uma dessas proteínas?

Resolução da questão 72 (Histologia): A – A produção de hemácias acontece na medula óssea vermelha, que preenche o interior dos ossos longos, juntamente com a medula amarela (tecido adiposo), e a remoção das hemácias é feita principalmente pelo baço. Hoje já sabemos que alguns órgãos como o fígado, por exemplo, podem realizar tal papel de forma concomitante com o baço, ou independente, no caso dos indivíduos que removem o baço. A produção de hemácias, desde célula tronco até sua forma eritrocitária eficiente, é chamada de eritropoiese.

B – Tais proteínas possuem dezenas de funções, porém as funções mais relacionadas ao tecido sanguíneo é a de controle osmótico e o suporte para excreção da bilirrubina (no caso da albumina), que é um resíduo da deterioração das hemácias.

UECE 2007

Questão 73 (Histologia): Na espécie humana, o tipo de tecido conjuntivo que forma o Tendão de Aquiles é

A. cartilaginoso.

B. denso modelado.

C. adiposo.

D. ósseo.

Resolução da questão 73 (Histologia): A alternativa correta é a **letra B**, denso modelado. As características do tecido denso modelado são a existência de feixes densos e paralelos de colágeno com sentido fixo, com pouca substância fundamental, no qual dá as características aos tendões.

UFOP 2009

Questão 74 (Histologia): O corpo humano é constituído por aproximadamente 240 diferentes tipos de células, organizadas em quatro principais tecidos: epitelial, conjuntivo, muscular e nervoso. Sobre esses tecidos, assinale a alternativa errada:

A. O tecido epitelial tem origem ectodérmica e é formado por células fortemente aderidas umas às outras, o que lhes permite conferir proteção contra o atrito e contra a entrada de micro-organismos no corpo.

B. O tecido conjuntivo tem origem ectodérmica e mesodérmica e compreende uma grande variedade de tipos celulares, como os fibroblastos, osteoclastos e plaquetas, envolvidos por uma matriz extracelular abundante e diversificada.

C. O tecido muscular tem origem mesodérmica e é formado por três tipos diferentes de fibras musculares, que em comum têm o fato de conterem grande quantidade de proteínas do tipo actina e miosina em seus citoplasmas.

D. O tecido nervoso tem origem ectodérmica e sua principal célula é o neurônio. Estes neurônios frequentemente apresentam bainha de mielina produzida por dois outros tipos celulares, os oligodendrócitos e as células de Schwann.

E. B e D estão corretas.

Resolução da questão 74 (Histologia): A alternativa incorreta é a **letra A**, já que o tecido epitelial pode também ter origem endodérmica ou mesodérmica, além da ectodérmica, como dito na alternativa. A alternativa requer um conhecimento considerável sobre embriologia, além de histologia.

UCS 2007

Questão 75 (Histologia): Os tecidos conjuntivos, devido ao fato de serem compostos por variados tipos celulares, desempenham diversas funções no organismo. Assinale a alternativa que apresenta apenas células próprias de tecidos conjuntivos.

A. linfócito, condrócito, osteócito, mastócito, célula caliciforme.

B. eosinófilo, miócito, condrócito, astrócito, adipócito.

C. eritrócito, melanócito, linfócito, adipócito, leucócito.

D. eritrócito, melanócito, fibroblasto, miócito, eosinófilo.

E. fibroblasto, condrócito, osteócito, adipócito, leucócito.

Resolução da questão 75 (Histologia): A alternativa correta é a **letra E**. Os miócitos são as células que constituem os músculos, sendo caracterizado como tecido muscular, nos permitindo descartar a alternativa B e D. As células caliciformes também não fazem parte do tecido conjuntivo, são células de formato colunar que revestem alguns órgãos, sendo um tecido epitelial, além de serem capazes de produzir muco. Tal fato nos permite eliminar mais a alternativa A. Quanto a alternativa C, o que nos permite elimina-la, é fato de que os melanócitos compõe o tecido epitelial, sendo as células responsáveis pela pigmentação da pele.

ENEM 2011

Questão 76 (Histologia): A produção de soro antiofídico é feita por meio da extração da peçonha de serpentes que, após tratamento, é introduzida em um cavalo. Em seguida são feitas sangrias para avaliar a concentração de anticorpos produzidos pelo cavalo. Quando essa concentração atinge o valor desejado, é realizada a sangria final, para obtenção do soro. As hemácias são devolvidas ao animal, por meio de uma técnida denominada plasmaferase, e a fim de reduzir os efeitos colaterais provocados pela sangria. A plasmaferase é importante, pois, se o animal ficar com uma baixa quantidade de hemácias, poderá apresentar:

A. febre alta e constante.

B. redução de imunidade.

C. aumento da pressão arterial.

D. quadro de leucemia profunda.

E. problemas no transporte de oxigênio.

Resolução da questão 76 (Histologia): A alternativa correta é a **letra E**. Apesar da extensa introdução, o objetivo da questão é bem simples, indicar o que a ausência dos eritrócitos (hemácias), componentes do tecido conjuntivo hematopoiético, pode causar. É sabido que as hemácias são transportadoras de oxigênio e carbono, portanto sua falta não poderia ser outra se não a afirmativa E, problemas no transporte de oxigênio.

UEL 2006

Questão 77 (Histologia): O osso, apesar da aparente dureza, é considerado um tecido plástico, em vista da constante renovação de sua matriz. Utilizando-se dessa propriedade, ortodontistas corrigem as posições dos dentes, ortopedistas orientam as consolidações de fraturas e fisioterapeutas corrigem defeitos ósseos decorrentes de posturas inadequadas. A matriz dos ossos tem uma parte orgânica proteica constituída principalmente por colágeno, e uma parte inorgânica constituída por cristais de fosfato de cálcio, na forma de hidroxiapatita. Com base no texto e nos conhecimentos sobre tecido ósseo, é correto afirmar:

A. A matriz óssea tem um caráter de plasticidade em razão da presença de grande quantidade de água associada aos cristais de hidroxiapatita.

B. A plasticidade do tecido ósseo é resultante da capacidade de reabsorção e de síntese de nova matriz orgânica pelas células ósseas.

C. O tecido ósseo é considerado plástico em decorrência da consistência gelatinosa da proteína colágeno que lhe confere alta compressibilidade.

D. A plasticidade do tecido ósseo, por decorrer da substituição do colágeno, aumenta progressivamente, ao longo da vida de um indivíduo.

E. A matriz óssea é denominada plástica porque os ossos são os vestígios mais duradouros que permanecem após a morte do indivíduo.

Resolução da questão 77 (Histologia): A alternativa correta é a **letra B**. Os ortodontistas corrigem as posições dos dentes, ortopedistas orientam as consolidações de fraturas e fisioterapeutas corrigem defeitos ósseos, graças a capacidade do tecido ósseo se adaptar aos estímulos. O tecido ósseo pode regredir em determinadas regiões ao mesmo tempo que progride em outras. Tal capacidade se deve às células presentes no tecido ósseo, como os osteoblastos (geradores de nova matriz óssea) e os osteoclastos (Degradadores de matriz óssea).

UFRJ 2005

Questão 78 (Histologia): O hematócrito é a percentagem de sangue que é constituída de células. O hematócrito de três amostras de sangue está ilustrado nos tubos 1, 2 e 3, cujas partes escuras representam as células. As células foram sedimentadas, nos tubos graduados, por meio de centrifugação.

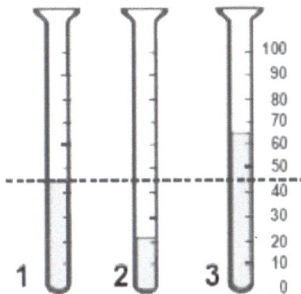

A linha tracejada representa o nível do hematócrito de um indivíduo normal, vivendo ao nível do mar. Uma das amostras de sangue foi obtida de um indivíduo normal, que morava há vinte anos numa cidade localizada a 4500m acima do nível do mar. Qual amostra provém desse indivíduo? Justifique sua resposta.

Resolução da questão 78 (Histologia): Questão muito interessante sobre o tecido conjuntivo sanguíneo, por abordar uma situação real e pouco refletida.

O sangue proveniente do indivíduo em questão é a **amostra número 3**, com alto hematócrito, ou seja, grande quantidade de hemácias. Tal fato se deve ao baixo oxigênio ofertado pelo ar que o indivíduo obtém ao respirar, que causa um feedback na medula vermelha (onde é produzido as hemácias) para que haja maior hemácias circulantes, visando aumentar a possibilidade de captação do pouco oxigênio do ar. Portanto indivíduos vivendo em altas altitudes podem apresentar tal característica (hematócrito alto).

UEL 2007
Questão 79 (Histologia): Analise a figura a seguir.

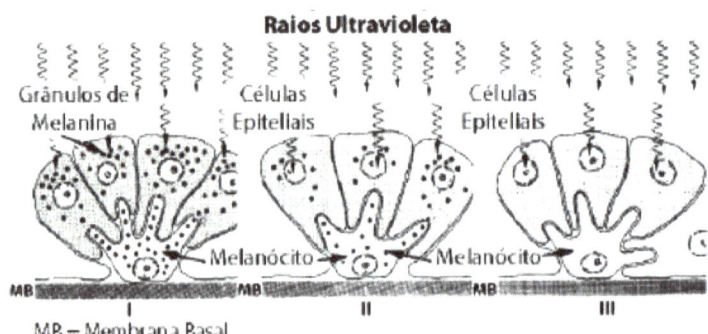

Fonte: JUNQUEIRA, L. C.& CARNEIRO, J. Biologia Celular e Molecular. Rio de Janeiro: Guanabara Koogan, 2000. p. 295.

Com base na figura e nos conhecimentos sobre o tema, assinale a alternativa correta:

A. A pele negra, representada pela figura de número III, não tem necessidade de produzir melanócitos quando em contato com os raios ultravioleta.

B. Os indivíduos de pele albina estão representados pela figura II, pois, em contato com os raios ultravioleta produzem uma quantidade intermediária de melanócitos como consequência de problemas enzimáticos.

C. Os indivíduos de pele clara estão representados pela figura I, o que justifica o fato da pele destas pessoas, quando em contato com os raios ultravioleta, ficarem vermelhas.

D. As células epiteliais da epiderme contêm quantidade variável do pigmento melanina, colocado como um capuz sobre o lado do núcleo celular que está voltado para o exterior, de onde vêm os raios ultravioleta.

E. Tumores malignos originados de células epiteliais de revestimento podem ser causados pela falta de exposição ao sol.

Resolução da questão 79 (Histologia): A alternativa correta é a **letra D**. Podemos eliminar a alternativa A por afirmar que a pele negra está representada pela figura III, sendo que, não existe nenhum grânulo de melanina na imagem, podendo então esta imagem pertencer a um albino. A alternativa B pode ser eliminada por afirmar que a figura II representa o albinismo, sendo que os albinos possuem extrema dificuldade na produção da melanina, alguns sendo incapazes de produzir um granulo sequer, portanto a imagem mais adequada aos albinos é a figura III e não a II. Já a alternativa C, está errada por afirmar que os indivíduos de pele clara podem ser representados por uma

figura repleta de grânulos de melanina, sendo esta figura mais adequada aos portadores de pele escura. Já a alternativa E está errada justamente por afirmar de forma contrária um fato. Tumores malignos podem ser gerados pela exposição ao sol, e não pela não exposição.

FCMMG 2019

Questão 80 (Histologia): Observe a fotomicrografia de um tecido animal.

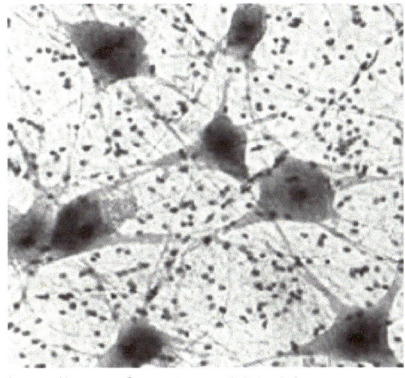

A imagem mostra as células do tecido

A. epitelial.

B. nervoso.

C. muscular.

D. conjuntivo.

Capítulo 3 – Perguntas e respostas

Resolução da questão 80 (Histologia): O tecido da foto é definitivamente um tecido nervoso, portanto a **letra B** é a alternativa correta. É nítido na fotografia as inúmeras ramificações que cada célula apresenta, sendo esta a maior características dos neurónios, uma longa ramificação chamada de axônio, por onde passa o impulso nervoso, e ramificações menores do corpo da célula, chamadas dendritos. Também é possível ver na imagem um espaço considerável (interstício) entre as células, e neste espaço é possível ver diversos pontos menores. Tais pontos são núcleos das células da glia, células nas quais possuem como principal função o suporte às células nervosas.

ENEM 2019

Questão 81 (Histologia): A poluição radioativa compreende mais de 200 nuclídeos, sendo que, do ponto de vista de impacto ambiental, destacam-se o césio-137 e o estrôncio-90. A maior contribuição de radionuclídeos antropogênicos no meio marinho ocorreu durante as décadas de 1950 e 1960, como resultado dos testes nucleares

realizados na atmosfera. O estrôncio-90 pode se acumular nos organismos vivos e em cadeias alimentares e, em razão de sua semelhança química, pode participar no equilíbrio com carbonato e substituir cálcio em diversos processos biológicos.

Ao entrar numa cadeia alimentar da qual o homem faz parte, em qual tecido do organismo humano o estrôncio-90 será acumulado predominantemente?

A. Cartilaginoso.

B. Sanguíneo.

C. Muscular.

D. Nervoso.

E. Ósseo.

Resolução da questão 81 (Histologia): A alternativa correta é a **letra E**, tecido ósseo. Como dito no anunciado, o estrôncio-90 é capaz de substituir o cálcio, e, como todos sabem, o cálcio possui uma relação fundamental com o tecido ósseo, sendo o principal composto da matéria óssea, corresponde aproximadamente 70% do peso ósseo.

UFJF 2019

Questão 82 (Histologia): O consumo abusivo de álcool e o uso de maconha, cocaína e outras drogas ilícitas são considerados sérios problemas de saúde pública, já que prejudicam o funcionamento do sistema nervoso dos usuários. O consumo dessas drogas altera a transmissão do impulso nervoso, afetando a comunicação entre os neurônios em regiões específicas do cérebro. Sobre o funcionamento do tecido nervoso assinale a alternativa INCORRETA:

A. Os neurônios são as células fundamentais do tecido nervoso, portanto, problemas no seu funcionamento podem prejudicar o raciocínio, o aprendizado e a memória.

B. Neurotransmissores são substâncias químicas responsáveis pela comunicação entre os neurônios.

C. Dopamina, acetilcolina e noradrenalina são exemplos de neurotransmissores cujas produção e liberação podem ser afetadas pelo uso de drogas.

D. O consumo de álcool afeta o funcionamento normal dos neurônios, podendo levar à sonolência e diminuição dos reflexos, além da perda da coordenação motora.

E. Os neurônios se conectam por meio de pontos de contato entre si, denominados "pontes de hidrogênio", onde ocorre a liberação de mensageiros químicos chamados de "hormônios".

Resolução da questão 82 (Histologia): A alternativa incorreta é a **letra E**. Os neurónios se conectam por meio de sinapses, e não por pontes de hidrogênio. Sinapses são o ponto de encontro entre o corpo de um neurónio com o axônio de outro. A ponte de hidrogênio, argumentada na alternativa E, é um tipo de atração natural de moléculas em determinadas situações, estudado em física e em química, tal atração é comumente referida como força de Van der Waals. As forças de Van der Waals inclui muitos tipos de interações moleculares, não só a ponte de hidrogênio.

UECE 2019

Questão 83 (Histologia): O tecido animal que é rico em matriz extracelular, células e fibras e é, em geral, vascularizado e inervado é o tecido

Capítulo 3 – Perguntas e respostas

A. epitelial.

B. conjuntivo.

C. muscular.

D. nervoso.

Resolução da questão 83 (Histologia): Questão semelhante a algumas anteriores e extremamente comum nas avaliações sobre histologia, mesmo recentes. A alternativa correta é a **letra B**. As questões que envolvem tecido conjuntivo sempre tentam enfatizar sua rica matriz extracelular, já que, dentre todas as suas características, esta é a mais evidenciada. Descartamos a alternativa A, C e D pois, respectivamente, o tecido epitelial é avascular, o tecido muscular não é rico em matriz extracelular, e o tecido nervoso não é rico em fibras (colágenas, elásticas, reticulares) apesar de algumas literaturas referirem aos dendritos (prolongamentos) dos neurónios como "fibras nervosas".

UNCISAL 2019

Questão 84 (Histologia): Nas décadas de 40 e 50 do século passado, surgiu o conceito de redes neurais. Apesar de muito promissoras, as pesquisas sobre redes neurais caíram em descrédito por cerca de vinte anos, e mais ênfase foi dada à computação lógica, conhecida e utilizada atualmente. Porém, os avanços em neurociência motivaram grupos de cientistas a retomarem as pesquisas sobre redes neurais, o que possibilitou o

desenvolvimento de neurocomputadores. Também foram desenvolvidos neurônios artificiais que dispõem de:

• dois ou mais receptores de entrada, responsáveis por perceber determinado tipo de sinal;

• um corpo de processadores responsável por um sistema de feedback que modifica sua própria programação, conforme os dados de entrada e saída; e

• uma saída binária para apresentar a resposta "sim" ou "não", a depender do resultado do processamento.

Capítulo 3 – Perguntas e respostas

Os "receptores de entrada", o "corpo de processadores" e a "saída binária" dos neurônios artificiais descritos no texto correspondem, respectivamente, a quais estruturas de um neurônio natural?

A. Dendritos, corpo celular e axônio.

B. Dendritos, axônio e corpo celular.

C. Axônio, dendritos e corpo celular.

D. Axônio, corpo celular e dendritos.

E. Corpo celular, axônio e dendritos.

Resolução da questão 84 (Histologia): A alternativa correta é a **letra A**. Para responder a questão corretamente é necessário conhecer a morfologia do neurônio, o nome de suas respectivas partes, e o básico de neurofisiologia, o que faz desta questão um tanto além da histologia em si, apesar de estarmos lidando com tecido nervoso. Bom, os neurónios possui uma parte central com um núcleo, sendo comumente chamado de corpo celular. Saindo do corpo, existe ramificações que podem ou não circundar toda a célula, chamadas de dendritos. Dentre os dendritos, existe uma ramificação única em especial, que supera todas as outras em questão de extensão, sendo chamada de axônio. Nos dendritos acontece o recebimento de impulsos nervosos vindos de outras células nervosas, tais impulsos são processados e, se necessário, enviado para células seguintes através do axônio (a maior ramificação da célula). Portanto dendritos recebe, corpo celular processa e axônio envia, como descrito na alternativa A.

URCA 2019

Questão 85 (Histologia): Os músculos representam cerca de 40% da massa corporal. Eles são responsáveis por todos os movimentos, desde o dobramento de um braço até a circulação do sangue no corpo; sem falar na movimentação de diversos órgãos internos, como o estômago e os intestinos.

Considerando o exposto, pode-se afirmar que os bíceps, estômago e o útero são formados, respectivamente por tecidos musculares dos tipos:

A. estriado esquelético, estriado esquelético, não estriado.

B. não estriado, estriado esquelético, não estriado.

C. estriado esquelético, não estriado, não estriado.

D. não estriado, não estriado, estriado esquelético.

E. estriado esquelético, não estriado, estriado esquelético.

Resolução da questão 85 (Histologia): A alternativa correta é a **letra C**. Esta questão pode ser facilmente respondida levando em conta o fato que o tecido muscular esquelético é o único com contração voluntária, portanto não pode corresponder ao estômago e útero, órgãos com atuação autónoma. O bíceps, portanto, contrai voluntariamente, já que podemos flexionar os braços quando quisermos (em condições normais), por ser um músculo estriado esquelético.

FPS 2019

Questão 86 (Histologia): Nos seres humanos, existem diferentes tipos de tecidos, os quais são formados por um conjunto de ____1____ que desempenham determinadas funções. Os tecidos ____2____ são caracterizados por apresentar células imersas em grande quantidade de material extracelular. Os principais tipos de células desses tecidos são ____3____, que produzem as fibras, assim como os ____4____, que possuem grande capacidade de realizar fagocitose. Assinale a afirmativa que relaciona corretamente os números 1, 2, 3 e 4, respectivamente.

A. 1 – células; 2 – conjuntivos; 3 – fibroblastos; 4 – macrófagos.

B. 1 – fibrilas; 2 – conjuntivos; 3 – miosinas; 4 – condroblastos.

C. 1 – células; 2 – epiteliais; 3 – condrócitos; 4 – condroblastos.

D. 1 – miosinas; 2 – musculares; 3 – fibroblastos; 4 – macrófagos.

E. 1 – células; 2 – musculares; 3 – condroblastos; 4 – macrófagos.

Resolução da questão 86 (Histologia): A resposta correta é a **letra A**. Saber a definição de tecido na biologia e a principal característica do tecido conjuntivo já nos dá a oportunidade de identificarmos a alternativa correta. Os tecidos são formados por conjuntos de células e o tecido conjuntivo possui rica matriz extracelular.

Capítulo 3 – Perguntas e respostas

UECE 2019

Questão 87 (Histologia): As membranas que recobrem o cérebro humano são denominadas de

A. dura-máter, celular e pia-máter.

B. dura-máter, aracnoide e pia-máter.

C. plasmática, aracnoide e celular.

D. celular, plasmática e aracnídeo.

Resolução da questão 87 (Histologia): A alternativa correta é a **letra B**. O cérebro possui 3 camadas de tecido que o recobre, cada uma com sua composição característica. A mais externa, que tem contato com a parte óssea, é a dura-máter. Após ela (em sentido interno), há a camada aracnoide, esta sendo a camada do meio. E, posteriormente, em contato com o tecido cerebral, está a última camada, a camada pia-máter. Entre a camada aracnoide e a pia-máter há um espaço, neste espaço se encontra o líquido cefalorraquidiano, comumente colhido por punção para exames.

UECE 2019

Questão 88 (Histologia): No que concerne aos tecidos animais, escreva V ou F conforme seja verdadeiro ou falso o que se afirma nos itens abaixo.

( ) O tecido epitelial reveste os órgãos, a superfície externa e as cavidades internas do corpo.

( ) O tecido conjuntivo apresenta variadas funções como preenchimento, sustentação, isolamento térmico e reserva energética.

( ) As células que compõem o tecido muscular são alongadas e apresentam propriedades contráteis.

( ) As células do tecido nervoso possuem formato diferenciado e sua característica principal é a passagem de informação entre neurônios.

Está correta, de cima para baixo, a seguinte sequência:

A. V, V, V, V.

B. V, F, V, F.

C. F, V, F, V.

D. F, F, F, F.

Resolução da questão 88 (Histologia): A alternativa correta é a letra A, todas as afirmações são verdadeiras.

FUB 2015
Questão 89 (Histologia):

> A histologia é a área da biologia responsável pelo estudo dos tecidos: conjuntos de células que apresentam interdependência estrutural e funcional, e que desempenham funções específicas no organismo. Os órgãos são formados pelo agrupamento de tecidos, ao passo que o conjunto de órgãos formam os sistemas.

Considerando que o fragmento de texto acima tem caráter unicamente motivador, julgue os itens a seguir. Nos sarcômeros musculares, os filamentos de actina e miosina são organizados de modo repetitivo e ordenado, o que pode ser observado tanto no músculo estriado quanto no liso. **Certo** ou **errado**?

Resolução da questão 89 (Histologia): A afirmação é **incorreta**, pois os músculos lisos não possuem sarcômeros, tais estruturas são características exclusivas dos tecidos musculares estriados.

HEMOPA 2019
Questão 90 (Histologia):

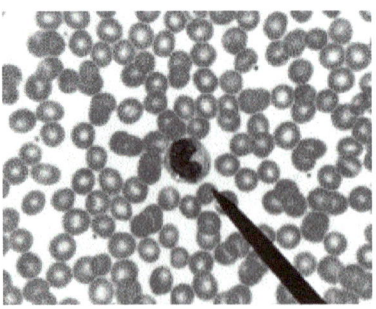

A célula identificada nessa figura, a partir de um esfregaço de sangue periférico, é denominada

A. neutrófilo.

Capítulo 3 – Perguntas e respostas

B. eosinófilo.

C. monócito.

D. basófilo.

E. linfócito.

Resolução da questão 90 (Histologia): A alternativa correta é a **letra C**, monócito. Podemos identifica-lo como monócito devido ao seu tamanho, sendo maior que as hemácias, e pelo seu núcleo grande, não segmentado e deformado, em forma de C (não confundir com bastonetes). Devemos excluir a alternativa A, B e D por serem alternativas que representam células com núcleo segmentado. Já os linfócitos, possuem núcleo redondo, e são menores que os monócitos. Todas as alternativas são células do tecido conjuntivo sanguíneo.

SEDF/DF 2017

Questão 91 (Histologia): Com relação à histologia animal, julgue os itens que se seguem. As funções das células do tecido conjuntivo humano incluem defesa do organismo, reserva de energia, produção de calor, entre outras. Esta afirmação é **correta** ou **incorreta**?

Resolução da questão 91 (Histologia): A afirmação é **correta**. O tecido conjuntivo adiposo, por exemplo, é capaz de proteger o organismo de danos mecânicos, de armazenar e fornecer energia, e servir de isolante térmico.

UNIFOR 2019

Questão 92 (Histologia): O elefante africano é conhecido por sua pele espessa e enrugada. Estes animais não possuem glândulas sudoríparas, mas quem os observa de perto poderá ver uma intrincada rede de minúsculas fendas, que fazem com que a pele do poderoso mamífero pareça asfalto rachado. Mas as rachaduras não estão ali por acaso

Sendo assim, qual seria o papel das fendas na pele nestes animais?

A. Garantir suporte e nutrição às células da epiderme lubrificando a espessa e enrugada pele.

B. Armazenar substâncias lipídicas conferindo proteção contra choques mecânicos.

Capítulo 3 – Perguntas e respostas

C. Proteger a pele do contato com parasitas, aumentando assim imunidade contra infestações.

D. Aumentar a superfície de contato com os raios solares elevando a temperatura.

E. Reter mais umidade do que uma superfície plana, ajudando a regular a temperatura corporal.

Resolução da questão 92 (Histologia): A resposta correta é a **letra E**. Confesso que não conhecia tal características do tecido epitelial dos elefantes africanos, e caso seja seu caso também, saiba que não somos prejudicados e podemos responder a questão tranquilamente. Basta prestar atenção na introdução, onde é afirmado que os elefantes não transpiram, então eles devem ter outro mecanismo para controlar a temperatura corporal, já que é essa a função das glândulas sudoríparas. E a forma na qual controlam a temperatura é dita em seguida, é controlada graças as minúsculas fendas observadas no tecido epitelial do animal. Portanto a questão não se baseia em conhecer o elefante e sim a função da glândula sudorípara como reguladora de temperatura.

UEA 2019

Questão 93 (Histologia): Durante uma aula prática de laboratório, os estudantes observaram ao microscópio diversas lâminas de tecidos vegetais, nas quais foi possível visualizar os tecidos condutores, os de sustentação, os de preenchimento e os de armazenamento.

As divisões da Biologia que envolvem tal estudo são

A. a microbiologia e a fisiologia.

B. a biologia molecular e a ecologia.

C. a genética e a citologia.

D. a taxonomia e a zoologia.

E. a botânica e a histologia.

Resolução da questão 93 (Histologia): A alternativa correta é a **letra E**. Questão simples, onde a resposta correta depende apenas de conhecer o conceito de

Capítulo 3 – Perguntas e respostas

botânica e de histologia, onde, a botânica, é o estudo das plantas, e, a histologia, o estudo dos tecidos.

UECE 2018

Questão 94 (Histologia): Considerando as células do sangue, associe corretamente os tipos celulares com suas respectivas características, numerando a Coluna II de acordo com a Coluna I.

Coluna I

1. Hemácias

2. Neutrófilos

3. Plaquetas

4. Linfócitos

Coluna II

( ) Estruturas anucleadas, com grande quantidade de hemoglobina, que transportam o oxigênio.

( ) Células, com núcleo esférico, que participam dos processos de defesa produzindo e regulando a produção de anticorpos.

( ) Granulócitos que desempenham papel crucial na defesa do organismo fagocitando e digerindo microrganismos.

( ) Estruturas anucleadas que participam dos processos de coagulação sanguínea.

A sequência correta, de cima para baixo, é:

A. 2, 1, 4, 3.

B. 1, 4, 2, 3.

C. 4, 3, 2, 1.

D. 3, 2, 1, 4.

Capítulo 3 – Perguntas e respostas

Resolução da questão 94 (Histologia): A alternativa correta é a **letra A**. A alternativa se torna fácil por existir apenas uma alternativa com o número 1 em primeiro lugar. Como professor, acredito que as pessoas no geral possuem maior conhecimento das características das hemácias do que dos leucócitos. Portanto saber que uma hemácia não possui núcleo e carrega hemoglobina é suficiente para acertar a questão, e é bem mais comum saber isto do que saber quais leucócitos tem ou não grânulos, ou qual produz ou não anticorpos.

Unicentro 2018

Questão 95 (Histologia): Considere a definição abaixo:

"Também conhecidos como glóbulos brancos, são as células responsáveis por defender o organismo contra infecções, doenças, alergias e resfriados, sendo parte da imunidade de cada indivíduo. São transportados no sangue para serem utilizados sempre que um vírus, uma bactéria, ou qualquer organismo estranho entra no corpo humano, eliminando-os e impedindo que provoquem problemas de saúde. O valor de referência no sangue situa-se entre 3.800 a 9.800/mm3."

Tal definição é aplicada aos:

A. Eritrócitos.

B. Linfócitos.

C. Trombócitos.

D. Fibrócitos.

E. Hematócritos.

Resolução da questão 95 (Histologia): A alternativa correta é a **letra B**. De todas as opções, apenas os linfócitos são células brancas, ou seja, dentre todas as opções apenas os linfócitos são leucócitos. Leucócitos são como chamamos as células brancas, seja elas linfócitos, neutrófilos, eosinófilos, monócitos, entre outras. Os leucócitos compõem nosso sistema imunológico e fazem parte do tecido conjuntivo sanguíneo.

Capítulo 3 – Perguntas e respostas

URCA 2018

Questão 96 (Histologia): No corpo humano, há quatro tipos de tecidos: tecido epitelial, tecido conjuntivo, tecido muscular e tecido nervoso. O tecido conjuntivo é formado por várias células e possui matriz extracelular composta por proteínas fibrosas e pela substância fundamental, formada por glicosaminoglicanos e proteoglicanos. São exemplos de tecidos conjuntivos especializados:

A. Musculatura do estômago e esôfago;

B. Tecido adiposo, cartilaginoso, ósseo e sanguíneo;

C. Epiderme e tecido glandular exócrino;

D. Derme, músculo dos membros inferiores e mucosa gastrintestinal;

E. Tecido de revestimento da mucosa oral, respiratória e gastrintestinal;

Resolução da questão 96 (Histologia): A alternativa correta é a **letra B**. Os tecidos adiposo, cartilaginoso e sanguíneo, são tecidos conjuntivos. A musculatura e as células epiteliais (que revestem), são classificados num tecido próprio, com suas próprias divisões. Sabendo disso podemos eliminar todas as alternativas, exceto a correta, letra B.

UniAtenas 2018

Questão 97 (Histologia): O sangue é um tecido conjuntivo cuja matriz extracelular é líquida. Ele cumpre diversas funções no organismo como transporte de gases, distribuição de calor pelo corpo, de nutrientes, transporte de hormônios, mecanismo de defesa e coagulação.
No indivíduo adulto normal este tecido é produzido no(a):

A. Baço.

B. Fígado.

C. Medula óssea vermelha.

D. Parede dos vasos sanguíneos.

E. Endoderma desde a fase embrionária.

Resolução da questão 97 (Histologia): A alternativa correta é a **letra C**, medula óssea vermelha. É na medula que acontece o que chamamos de hematopoiese, em outras palavras, a formação dos componentes do sangue. Por conta disso, alguns cânceres na medula são desencadeadores de leucemias, esta se manifestando nos componentes do sangue, mais especificamente nos leucócitos.

FPS 2018

Questão 98 (Histologia): Observe a definição a seguir: apresentam células justapostas com pouca substância intercelular e nenhuma vascularização. Sua função principal é proteger o corpo contra a penetração de micro-organismos, substâncias químicas e agressões físicas. Essas características são encontradas em qual tecido?

A. Muscular liso.

B. Conjuntivo.

C. Muscular cardíaco.

D. Epitelial.

E. Nervoso

Resolução da questão 98 (Histologia): A alternativa correta é a **letra D**. Todos os demais tecidos, exceto o epitelial, são vascularizados. O tecido epitelial, como o da pele, recebe nutrientes provindos do tecido conjuntivo subjacente por difusão (transporte passivo).

UNIPAM 2018

Questão 99 (Histologia): O corpo humano tem células unidas por junções celulares, organizadas em tecidos, órgãos e sistemas. Acerca dos tecidos humanos, são feitas cinco afirmações.

I. Esse tecido tem células que se contraem quando são estimuladas, consumindo ATP. As células que são ligadas aos ossos podem ser controladas voluntariamente, enquanto as demais têm contração involuntária.

II. Esse tecido tem células especializadas, com matriz flexível ou com matriz enrijecida com cálcio, além de outros tipos de células que se formam no osso e são carregadas pelo plasma, a matriz fluida do tecido.

III. Esse tecido constitui-se de células excitáveis que compõem as linhas de comunicação interna do corpo. As mensagens viajam pelas membranas dessas células e são enviadas para outras células semelhantes e para as células musculares e glândulas.

IV. Esse tecido tem camadas de células presas ao tecido subjacente por uma camada basal. Recobre as superfícies do corpo e reveste cavidades e dutos. Algumas células são ciliadas ou têm microvilosidades e outras são secretoras.

As afirmações acima se referem, respectivamente, aos tecidos

A. epitelial, nervoso, conjuntivo e muscular.

B. nervoso, muscular, epitelial e conjuntivo.

C. muscular, conjuntivo, nervoso e epitelial.

D. conjuntivo, epitelial, muscular e nervoso.

Resolução da questão 99 (Histologia): A alternativa correta é a **letra C**. Saber o conceito básico dos tecidos citados já nos permite identificar a alternativa correta lendo apenas a primeira afirmativa, já que apenas a letra C aponta o tecido muscular para a primeira afirmação. Contração, grande uso de ATP, ligação a ossos, controle voluntário/involuntário, são todas características do tecido muscular, como evidenciado pela descrição I.

FAG 2017

Questão 100 (Histologia): Nosso corpo é formado por quatrilhões de células vivas que necessitam ao mesmo tempo de água, alimentos, ar, entre outras substâncias. O sangue é o veículo que transporta as substâncias necessárias à vida das células. Sobre as diferentes funções do sangue é correto afirmar que:

A. os leucócitos transportam nutrientes e hormônios.

B. o plasma é responsável pelo transporte de oxigênio.

C. as plaquetas ajudam na coagulação do sangue.

D. as hemácias são responsáveis pela defesa do organismo.

E. os glóbulos vermelhos regulam a manutenção da temperatura.

Capítulo 3 – Perguntas e respostas

Resolução da questão 100 (Histologia): A alternativa correta é a **letra C**. Conhecer o tecido conjuntivo sanguíneo e as estruturas que o constitui é importante para a identificação da resposta certa. Porém acredito que as plaquetas são bastante conhecidas no geral, mesmo por leigos em citologia/histologia, o que torna essa questão passível de ser feita corretamente por grande parte da população. Quanto as outras alternativas, os leucócitos não transportam nutrientes. Os leucócitos são células de defesa, conhecidos como células brancas, responsáveis pela nossa defesa imunológica. Já as hemácias, não são responsáveis pela defesa do organismo, isto é responsabilidade dos leucócitos, como já explicado. As hemácias são responsáveis pelo transporte de oxigênio e gás carbônico. O plasma não é responsável pelo transporte de oxigênio, apesar de já ser sabido a existência de uma pequena quantidade de oxigênio "solto" no plasma. O plasma é a parte líquida do sangue, e é graças a ela que todos os nutrientes e estruturas podem transitar em circuito. Com o impulso provindo do coração e a fluidez do plasma todas os nutrientes e estruturas podem alcançar as regiões necessárias do corpo humano.

Glossário

A

Abiogênese: Geração de vida a partir de material não vivo.

Ácido: Composto capaz de transferir íons (H+) numa reação química, podendo assim diminuir o pH de uma solução aquosa.

Ácido nucleico: Moléculas gigantes (macromoléculas), formadas por unidades monoméricas menores conhecidas como nucleotídeos.

Acrossoma: Organela localizada na região frontal da cabeça do espermatozoide, contendo enzimas essenciais a sua penetração no ovócito e à fertilização.

Actina: Proteína que, em conjunto com a miosina e moléculas de ATP, gera movimentos celulares e musculares.

Adenina: Uma das quatro bases nitrogenadas principais encontradas no DNA e RNA.

Adipócito: Célula de gordura.

Alvéolo: Estrutura pulmonar de pequena dimensão, localizada no final dos bronquíolos, onde se realiza a troca gasosa.

Antígeno: Toda substância estranha ao organismo que desencadeia a produção de anticorpos.

ATP: Sigla referente ao trifosfato de adenosina ou adenosina trifosfato. Molécula fundamental à vida, usada como energia para realização de diversos processos químicos no organismo.

Anáfase: Fase da mitose onde ocorre a separação dos cromossomos, antes mantidos no plano equatorial da célula. Os cromossomos são divididos, cada parte indo para um polo da célula, puxados pelo fuso mitótico. A anáfase sucede a metáfase e antecede a telófase.

Astrócito: Célula da glia mais abundante do sistema nervoso central, além de ser a célula com maior dimensão. Os astrócitos nutrem e sustentam os neurónios.

Autofagia: Processo no qual a célula degrada partes de si mesma priorizando sua sobrevivência.

Axônio: Parte do neurônio responsável pela condução dos impulsos elétricos que partem do corpo celular, até outro local mais distante, como um músculo ou outro neurônio.

Glossário

B

Base: Substância aquosa capaz de atrair íons de hidrogênio devido a pequena quantidade presente do mesmo.

Basófilo: Tipo de leucócito com grânulos basofílicos. Possui núcleo segmentado e representa menos de 1% dos leucócitos totais. Tem relação com respostas alérgicas.

Bile: Fluído produzido pelo fígado e armazenado na vesícula biliar para ser usado no intestino nos momentos de digestão, possibilitando a emulsificação de gorduras.

Biofilme: Estrutura visível a olho nu, formada pela aglomeração de microrganismos. Tal estrutura possui um elevado grau de organização, onde os microrganismos formam comunidades estruturadas, coordenadas e funcionais.

Brônquio: A traqueia humana divide-se em dois brônquios (direito e esquerdo), estes sendo os tubos que conduzem o ar aos pulmões.

C

Calcitonina: Hormônio produzido pelas células C da tireoide. Tem como principal função diminuir a concentração de cálcio no sangue e aumentar a fixação de cálcio no tecido ósseo.

Capilar: Vaso sanguíneo muito fino, consistindo em uma única camada de células endoteliais em forma de tubo.

Cápsula de Bowman: Cápsula que envolve os vasos capilares dos glomérulos.

Cariocinese: É como chamamos o momento final da mitose onde as duas células conseguem se desprender uma da outra, adquirindo por fim sua individualidade.

Cariorrexe: Fenómeno que ocorre no núcleo da célula durante a morte celular não programada, em outras palavras, quando a célula morre prematuramente devido a algum tipo de lesão.

Carioteca: Sinónimo de invólucro nuclear, envelope nuclear ou membrana nuclear, todas palavras para descrever a parede do núcleo celular.

Cartilagem: Tecido conjuntivo mais rígido que possui uma cicatrização lenta por ser avascular. É branco ou acinzentado, aderente principalmente às superfícies articulares dos ossos.

Glossário

Célula: Chamamos de célula a menor estrutura viva funcional, esta tendo sua capacidade de interpretação e resposta com o meio externo. Nós somos formados por trilhões de células, e alguns seres vivos são formados por uma única célula.

Célula de Merkel: Célula sensitiva, ligada ao tato, presente na camada basal da pele, podendo estar tanto ligada a outras células de Merkel, por meio de desmossomos, quanto isoladas. Estão em contato direto com terminações nervosas, permitindo-as enviar sinais para o sistema nervoso central.

Célula Oxíntica: Célula epitelial do estômago que secreta ácido gástrico e fator intrínseco.

Célula de Schwann: Tipo de célula da glia que produz a mielina que envolve os axónios dos neurónios no sistema nervoso periférico.

Célula Zimogênica: Célula da mucosa do estômago especializada na produção de uma enzima inativa (pró-enzima) chamada pepsinogênio, que irá, posteriormente, se tornar ativa e contribuirá para digestão de proteínas ainda no estômago.

Célula de Langerhans: Célula de defesa presente na pele.

Célula de Leydig: Célula presente em conjuntos entre os túbulos seminíferos, no interstício dos testículos. Produzem o hormônio testosterona.

Centríolo: Organela celular eucarionte com formato cilíndrico, atua na divisão celular.

Centrômero: É a região mais condensada do cromossomo, normalmente localizada no meio dessa estrutura, onde as cromátides-irmãs entram em contato.

Ciclo de Krebs: Sequência de reações químicas de relação direta com a respiração celular. Ocorre em grande parte na matriz da mitocôndria dos eucariontes.

Ciclose vegetal: Capacidade das células vegetais movimentarem suas organelas no citoplasma para facilitar a captação de luz solar.

Citocina: Citocina é o nome geral dado a qualquer proteína que é secretada por células e que afeta o comportamento de outras células.

Citoesqueleto: Estrutura celular que estabelece, modifica e mantém a forma das células.

Glossário

Sendo o responsável pelos movimentos celulares e deslocamento de organelas, cromossomos, vesículas e grânulos diversos. Seus principais componentes são os microtúbulos, filamentos de actina e filamentos intermediários.

Citologia: Ramo da biologia que estuda as células, tanto eucariontes como procariontes.

Cloroplasto: Organela presente nas células das plantas e outros organismos fotossintetizadores, como as algas e alguns protistas. Possui clorofila, pigmento responsável pela sua cor verde. É responsável pela fotossíntese.

Colágeno: Proteína de importância fundamental na constituição da matriz extracelular do tecido conjuntivo.

Complexo de Golgi: Organela presente em células eucariontes. Contribui no transporte, armazenagem e estruturação de substâncias.

Condroblasto: Célula que sintetiza a matriz da cartilagem.

Condrócito: Célula presente no tecido cartilaginoso. Tal célula se mostra sempre presa em uma lacuna, envolta por extenso material extracelular.

Citosina: Uma das quatro bases nitrogenadas principais encontradas no DNA e RNA.

Citosol: Líquido que preenche o interior do citoplasma (espaço entre a membrana plasmática e outras partes da célula).

Clorofila: Pigmento fotossintético presente nos cloroplastos das plantas.

Corpo Albicans: Tecido cicatricial de um antigo corpo lúteo formado no ovário humano.

Corpo Lúteo: Estrutura formada após o folículo maduro dispor seu conteúdo na tuba uterina. Tal estrutura consiste em restos do folículo que sofrerá decomposição ao mesmo tempo que produz progesterona, estradiol e inibinas A.

Corpúsculo de Hassall: Estrutura encontrada na medula do timo humano e animal. É circundado por células epiteliais que produzem queratina e preenchem o centro da estrutura.

Cripta de Lieberkuhn: Glândula tubular simples encontrada entre as vilosidades da parede do intestino delgado e intestino grosso (colon). Secretam diversas enzimas, como sucrase e maltase, e possuem células especializadas na produção de hormônios e enzimas de defesa.

Cromatina: Como chamamos o material liquido e sólido do interior dos núcleos celulares. É comumente dividido em eucromatina e heterocromatina.

Cromossomo: Corpúsculo compacto que carrega informação genética.

Cumulus oophorus: Estrutura encontrada no folículo maduro, consistindo em uma única faixa de células que conecta o ovócito ao resto da estrutura folicular.

D

Dendrito: Prolongamento do neurônio que atua na recepção de estímulos nervosos do ambiente ou de outros neurônios e na transmissão desses estímulos para o corpo do próprio neurónio.

Desmossomo: Estrutura encontrada entre células que proporciona aderência entre elas.

Diploide: É como chamamos células que possuem cromossomos em pares.

DNA: Abreviação de deoxyribonucleic acid. É um composto orgânico cujas moléculas contêm as instruções genéticas que coordenam o desenvolvimento e funcionamento de todos os seres vivos e alguns vírus, e que transmitem as características hereditárias de cada ser vivo.

E

Endocitose: Qualquer processo pelo qual a célula viva ativamente absorve material extracelular.

Endossimbiose: Situação na qual um organismo vive dentro de uma célula de outro organismo. Este termo é muito usado para descrever a existência de mitocôndrias e cloroplastos em células eucarióticas, já que as mitocôndrias e cloroplastos possuem material genético próprio e conseguem se multiplicar por si só, provocando o suposto que em algum momento da história se uniram a uma célula para formar as células que conhecemos hoje.

Enzima: Tipo de proteína com função catalizadora. Algumas reações químicas mostram a necessidade fundamental de enzimas, outras reações podem ainda acontecer sem elas, porém podem acontecer de forma mais lenta e com menor eficácia.

Eosinófilo: Tipo de leucócito com núcleo segmentado e grânulos

Glossário

eosinofílicos (vermelhos). Possuem relação principalmente com o combate de parasitas multicelulares.

Ergastoplasma: Mesmo que retículo endoplasmático.

Eritroblasto: Tipo de glóbulo vermelho que ainda retem o seu núcleo celular. É o precursor imediato do eritrócito.

Eritrócito: Sinónimo de hemácia. Célula anucleada que dá cor vermelha ao sangue. É constituída basicamente por hemoglobina, e possui como função o transporte de oxigênio e gás carbônico.

Eritropoiese: Processo de produção e amadurecimento de eritrócitos.

Espermatozoide: Gameta masculino contendo metade das informações para gerar um novo ser vivo. É uma célula com mobilidade ativa, capaz de nadar livremente, consistindo em uma cabeça e uma cauda ou flagelo.

Esteroide: Lipídio de cadeia complexa onde o colesterol é substância fundamental.

Estrogênio: Hormônio cuja ação está relacionada com o controle da ovulação e com o desenvolvimento de características femininas.**Eucarionte:** Organismo vivo unicelular ou pluricelular constituído por células dotadas de núcleo.

Eucromatina: Subdivisão da cromatina, esta possuindo material genético disperso com alta atividade sintética. É identificado como uma região clara quando visto por microscopia eletrônica.

F

Fagocitose: Processo pelo qual uma célula usa sua membrana plasmática para englobar partículas grandes, dando origem a um compartimento interno chamado fagossoma.

Fibroblasto: Célula constituinte do tecido conjuntivo e sua função é formar a substância fundamental amorfa.

Fisiologia: Ramo da biologia que estuda as múltiplas funções moleculares, mecânicas e físicas dos seres vivos. Em síntese, a fisiologia estuda o funcionamento do organismo.

Fisiologista: Profissional, cientista ou autodidata da área de fisiologia.

Força de Van der Waals: É como chamamos qualquer tipo de força atrativa ou repulsiva entre moléculas que não seja causada por ligações químicas.

Glossário

Fosseta gástrica: Invaginação da mucosa do estômago.

Fuso Mitótico: estrutura celular temporária, constituída por microtúbulos, que ligam os cromossomos nos centríolos e possibilitam a mitose e meiose.

G

Gameta: Célula sexual contendo metade da informação genética para desenvolver um indivíduo. Um gameta se funde a outro para formar um zigoto. Os espermatozoides e os ovócitos são exemplos de gametas.

Geleia de Wharton: Substância gelatinosa encontrada dentro do cordão umbilical e também presente no humor vítreo do globo ocular.

Glândula de Brunner: Estrutura encontrada na submucosa do intestino delgado com função de secretar muco alcalino que neutraliza o pH ácido dos alimentos que chegam ao intestino, protegendo assim a parede intestinal.

Glicosilação: Adição enzimática de carboidratos a sítios específicos na superfície de proteínas e lipídios.

Gliócito: Célula do tecido nervoso que fornece suporte aos neurónios. Também é chamado de célula da glia ou neuroglia.

Glioxissomo: Organela digestiva presente em plantas. Glioxissomos hidrolisam ácidos graxos em acetil-CoA.

Glomérulo: Unidade funcional dos rins, composta por um ramalhete de capilares circundados por uma membrana denominada cápsula de Bowman, lá acontece a filtração do sangue e eliminação dos resíduos metabólicos.

Glucagon: Hormônio produzido principalmente pelo pâncreas com papel importante no metabolismo dos hidratos de carbono. A sua função mais conhecida é aumentar a glicemia (nível de glicose no sangue), contrapondo-se aos efeitos da insulina.

Gônada: Órgão que coordena a produção de gametas.

Grânulo de Birbeck: Moléculas pigmentadas presentes no citoplasma das células de Langerhans.

Guanina: Uma das quatro bases nitrogenadas principais encontradas no DNA e RNA.

Glossário

H

Haploide: É como chamamos células que possuem um único cromossomo de cada tipo em seu núcleo, diferente de células diploides, que possuem pares.

Hemácia: Célula anucleada que dá cor vermelha ao sangue. É constituída basicamente por hemoglobina, e possui como função o transporte de oxigênio e gás carbônico.

Hematoxilina & Eosina: Combo de reagentes químicos com função de corar lâminas para histologia. São os corantes mais comuns, evidenciando regiões ácidas e básicas por variação de cor.

Hemocaterese: processo fisiológico que promove a captura de hemácias e demais elementos figurados do sangue envelhecidos para sua degradação e reciclagem de suas moléculas. Este processo acontece principalmente no baço.

Hemostasia: Capacidade do organismo equilibrar a fluidez do sangue para a correta formação de coágulos e degradação dos mesmos.

Heterocromatina: Subdivisão da cromatina, esta possuindo material genético condensado com baixa atividade sintética. É identificado como uma região escura quando visto por microscopia eletrônica.

Histologia: Ramo da biologia que estuda a estrutura microscópica e as funções das células, tecidos e órgãos que compõem os organismos animais e vegetais.

Homeostase: É a condição de relativa estabilidade da qual o organismo necessita para realizar suas funções. Em outras palavras, se consiste no equilíbrio dos sistemas orgânicos.

Hormônio: Substância química específica fabricada pelo sistema endócrino ou por neurónios altamente especializados e que funciona como um sinalizador celular.

I

Ilhota de Langerhans: Estrutura pancreática formada por um grupo especial de células que produzem insulina e glucagon.

Insulina: Hormônio produzido no pâncreas que promove a entrada da glicose (no sangue) no interior das células.

Interfase: Maior parte da vida da célula, onde a célula cumpre suas

Glossário

funções e junta nutrientes suficientes para sua futura multiplicação.

L

Leucócito: Célula do sistema imunológico. O termo "leucócito" abrange todos os tipos de células de defesa.

Linfócito: Tipo de leucócito da linhagem linfoide que se divide em linfócitos B, linfócitos T e células NK, cada um com uma especificidade. Possuem núcleo redondo e estão envolvidos tanto na resposta inata quanto na adaptativa.

Líquido Sinovial: Líquido transparente e viscoso encontrado nas cavidades articulares e bainhas dos tendões.

Lisossomo: Organela presente em células eucariontes responsável por degradar substâncias.

M

Macroscópico: O que é visto a olho nu.

Medula óssea: Tecido líquido-gelatinoso que preenche a cavidade interna de principalmente ossos longos. É dividido em medula óssea vermelha, esta contendo células-tronco, e medula óssea amarela, esta sendo composta em sua maior parte por gordura.

Megacariócito: Célula gigante da medula óssea responsável pela produção de plaquetas sanguíneas.

Meiose: Tipo de divisão celular onde uma única célula se torna quatro, as quais terão apenas metade das informações genéticas da progenitora.

Melanoblasto: Célula precursora do melanócito.

Melanócito: Célula produtora de melanina responsável pela pigmentação da pele, cabelo e olhos.

Melanossomo: Corpúsculo intracelular que armazena melanina.

Melasma: Distúrbio pigmentar da pele caracterizada por manchas escuras.

Mesossomo: Invaginação da membrana plasmática de bactérias produzida por consequência do emprego de técnicas de fixação química, técnicas usadas para preparar amostras para microscopia eletrônica.

Metabolismo: Conjunto de transformações que as substâncias químicas sofrem no interior dos organismos vivos.

Metáfase: Fase da mitose onde os cromossomos atingem sua condensação máxima e se concentram numa linha imaginária da célula,

Glossário

comumente referida como equador da célula ou plano equatorial.

Microfibrilas: Estruturas ainda menores que as fibras propriamente ditas, medindo cerca de 10 a 25 nanômetros de diâmetro. Estão principalmente presentes na membrana de muitos tipos celulares.

Microscópio eletrônico: Equipamento com potencial de aumento muito superior ao óptico. O microscópio eletrônico não utiliza luz, mas sim feixes de elétrons.

Microscópio óptico: Equipamento que faz uso da refração da luz oriunda de uma série de lentes, dotadas ou não de filtros multicoloridos e/ou ultravioleta, para ampliar a imagem de objetos invisíveis (ou difíceis de serem visualizados) a olho nu.

Miosina: Proteína que, em conjunto com a actina e moléculas de ATP, gera movimentos celulares e musculares.

Mitocôndria: Organela de células eucariontes responsável por produzir energia.

Mitose: Divisão celular na qual uma única célula se torna duas com material genético idêntico entre si.

Monócito: Tipo de leucócito presente na corrente sanguínea com função de defender o organismo de corpos estranhos, como bactéria e vírus. Costuma ser maior que os demais leucócitos, e possui núcleo em forma de feijão.

Morfologia: Forma do ser vivo ou de parte dele.

N

Néfron: Unidade funcional do rim, sendo microscópica e realizando funções como: eliminar resíduos metabólicos, manter o equilíbrio hidroeletrolítico e ácido-básico, regular a pressão arterial através do controle de volume líquido, e secretar hormônios. Há então a produção da urina.

Neurónio: Célula do sistema nervoso responsável pela condução do impulso nervoso.

Neuróglia: Célula do sistema nervoso central que proporciona suporte e nutrição aos neurônios.

Neutrófilo: Tipo de leucócito granuloso e com núcleo segmentado. Ocupa grande parte dos leucócitos totais de um indivíduo, e é essencial na correta resposta do sistema imune inato.

Glossário

Nucléolo: Estrutura formada no núcleo de células eucariontes por condensação de material genético. É ativo geneticamente, contribuindo diretamente na sintetização de ribossomos.

O

Oligodendrócito: Célula da glia responsável pela formação e manutenção das bainhas de mielina dos neurônios no sistema nervoso central.

Organela: Compartimento delimitado por membrana que tem papeis específicos a desempenhar no funcionamento geral de uma célula.

Osmose: Entrada e saída de líquidos pela membrana celular desencadeada por variações de pressão.

Osteoblasto: Célula do tecido ósseo responsável por revesti-lo e sintetizar a matriz óssea. Quando geram muita matriz e se isolam, se tornando presos em lacunas, passam a ser chamados de osteócitos.

Osteócito: Célula do tecido óssea encontrada na matriz isolada em uma lacuna.

Osteoclasto: Célula do tecido ósseo responsável por degradar matriz óssea.

Ovócito: Gameta feminino contendo metade das informações para gerar um novo ser vivo.

Ovulogênese: Processo de formação dos gametas femininos.

Oxidação: Processo de perda de elétrons por parte de um átomo, grupo ou íon que resulta no ganho desses elétrons por outra espécie.

P

Parênquima: Em histologia, é a região funcional de um órgão ou tecido.

Patológico: Que está relacionado com quaisquer doenças.

Peroxissomo: Organela de células eucariontes que degradam principalmente ácidos graxos e peróxidos de hidrogênio.

pH: Escala numérica utilizada para especificar a acidez ou basicidade de uma solução aquosa.

Picnose: Condensação irreversível da cromatina no núcleo de uma célula que está morrendo.

Glossário

Pinocitose: Tipo de endocitose que a célula capta substâncias solúveis em água e forma vesículas.

Planta superior: Como chamamos qualquer planta da divisão Angiospermae, este sendo o maior e mais moderno grupo de plantas, englobando cerca de 250 mil espécies. Suas sementes são protegidas por uma estrutura denominada fruto.

Podócito: Célula que, unida a outras, compõe a parede dos vasos capilares de um glomérulo.

Polispermia: Situação incomum no qual dois ou mais espermatozoides conseguem adentrar um único óvulo.

Plaqueta: Componente sanguíneo de extrema importância no estancamento de sangue, devido sua capacidade de se aglomerar e formar coágulos em lesões.

Procarionte: Organismo unicelular que não possui o nível de complexidade interno associado aos eucariontes, e em particular não possuem núcleo nem organelas membranosas.

Prófase: Primeira etapa da mitose, onde ocorre o desaparecimento do núcleo, nucléolo e citoesqueleto, e aparecimento do fuso mitótico.

Progesterona: Hormônio feminino produzido a partir da puberdade pelo corpo lúteo, e pela placenta durante a gravidez. Possui como principal função preparar a mulher para a gestação e o aleitamento.

Proteína: Macromoléculas biológicas constituídas por uma ou mais cadeias de aminoácidos.

Pseudópode: Projeção temporária da parede celular para captação de substâncias e deslocamento.

Q

Queratina: Substância proteica e fibrosa, encontrada nos cabelos, unhas, penas, chifres e outros tegumentos, sendo a principal constituinte da epiderme dos seres humanos.

Queratinócito: Célula do tecido epitelial especializada na síntese de queratina.

Quimiotaxia: Capacidade de algumas células transitarem entre tecidos por estímulos e influencias físicas e químicas.

R

Rete testis: Rede de delicados túbulos localizados no hilo do testículo (mediastinum testis) que transporta

Glossário

espermatozoides dos túbulos seminíferos para os ductos eferentes.

Reticulócito: Hemácia imatura que ainda possui resquícios de núcleo em seu citoplasma.

Retículo endoplasmático: Organela de células eucariontes que contribui na síntese de proteínas e outras substâncias, além de colaborar na desintoxicação celular. Pode ser classificado como retículo liso ou rugoso.

Ribossomo: Organela comum em células eucariontes e procariontes. Possuem atuação na síntese de proteínas.

RNA: Abreviação de ribonucleic acid. Tipo de ácido nucleico que fornece instruções para síntese de proteínas.

S

Sarcômero: Componente básico do músculo estriado que permite a contração muscular.

Síntese: Formação de proteínas, vitaminas, hormônios etc., a partir de estruturas de organismos vivos.

Sinusóide: Na biologia, é um tipo de capilar terminal com parede muito delgada e calibre irregular, maior do que um capilar normal.

Substância Fundamental Amorfa: Termo usado para se referir aos componentes não-celulares da matriz extracelular, principalmente em tecidos conjuntivos.

T

Tecido: Termo frequentemente usado na biologia para se referir a conjuntos de células com características iguais, as quais, unidas, formam uma estrutura funcional com funções específicas. Exemplo: Tecido adiposo – Tecido formado por células capazes de armazenar grande quantidade de lipídios em seu citoplasma.

Telófase: Fase da mitose onde os cromossomos, cada um em seu devido polo, começam a se desajuntar, formando cromatina. Na telófase também já é aparente a formação das duas células originadas pela divisão, apesar de ainda não estarem totalmente separadas.

Testosterona: Hormônio que desempenha um papel fundamental no desenvolvimento de tecidos reprodutores masculinos, como testículos e próstata, bem como a promoção de características físicas, como o aumento da massa muscular, aumento e maturação dos ossos e o

Glossário

crescimento do cabelo corporal. Nos homens é produzido nos testículos, nas células de células de Leydig.

Timina: Uma das quatro bases nitrogenadas principais encontradas no DNA.

Timo: Órgão linfoide responsável principalmente pela maturação de linfócitos T. O timo localiza-se no tórax, entre os pulmões e a frente do coração.

Traqueia: Órgão do sistema respiratório situado logo após a laringe e que se ramifica em dois brônquios.

Trofoblasto: Camada mais externa do blastocisto. É considerado o primeiro dos anexos embrionários. Libera um hormônio, a gonadotrofina coriônica humana, que mantém os níveis de progesterona, sustentando assim a gravidez.

Túbulo seminífero: Estrutura presente em centenas nos testículos. É nos túbulos seminíferos que acontece a produção de espermatozoides.

V

Vacúolo: Cavidade do citoplasma das células que contém substâncias em solução.

Vascularização: Conjunto de vasos existentes num órgão, ou desenvolvimento de vasos em um tecido que não os possuía.

Víscera: Cada um dos órgãos que se alojam numa das três grandes cavidades do corpo (cabeça, tórax e abdome), especialmente no abdome.

Z

Zigoto: Célula resultante da fusão entre dois gametas (masculino e feminino), esta contendo toda a informação necessária para formação de um novo ser vivo.

Zona Pelúcida: Grossa camada glicoprotéica que envolve o óvulo. Ela funciona como barreira, permitindo que apenas um único espermatozoide da mesma espécie tenha acesso ao óvulo.

Referências

Alberts B., et al. BIOLOGIA MOLECULAR DA CÉLULA. Editora: Artmed; 6ª Edição. 2017.

Amabis G. BIOLOGIA DAS CÉLULAS - VOLUME 1 - ORIGEM DA VIDA, CITOLOGIA, HISTOLOGIA. Editora: Moderna; 2ª Edição. 2019.

Alberts B., et al. FUNDAMENTOS DA BIOLOGIA CELULAR. Editora: Artmed; 4ª Edição. 2017.

Brown R. HISTOLOGIC PREPARATIONS: COMMON PROBLEMS AND THEIR SOLUTIONS. Editora: College of American Pathologists. 2009.

Carneiro J., et al. BIOLOGIA CELULAR E MOLECULAR. Editora: Guanabara Koogan; 9ª Edição. 2012.

Audiolearn Medical Content Team. CELL BIOLOGY AND HISTOLOGY - MEDICAL SCHOOL CRASH COURSE. Independently Published. 2020.

Cibas E., et al. CYTOLOGY: DIAGNOSTIC PRINCIPLES AND CLINICAL CORRELATES. Editora: Elsevier; 5ª Edição. 2020.

Costa C.S. BIOLOGIA CELULAR - CITOLOGIA: FÁCIL PARA APRESSADOS. Editora: Amazon. 2019.

Cutler D.F., et al. ANATOMIA VEGETAL: UMA ABORDAGEM APLICADA. Editora: Artmed; 1ª Edição. 2011.

Feeback D. HISTOLOGY (OKLAHOMA NOTES). Editora: Springer. 2012.

Fiore M. ATLAS DE HISTOLOGIA. Editora: Guanabara Koogan. 1984.

Gartner L. ATLAS COLORIDO DE HISTOLOGIA. Editora: Guanabara Koogan; 7ª Edição. 2018.

Gartner L. HISTOLOGIA ESSENCIAL. Editora: GEN Guanabara Koogan; 1ª Edição. 2012.

Gartner L. TEXTO DE HISTOLOGÍA + STUDENTCONSULT. Editora: Elsevier España; 4ª Edição. 2017.

Gartner L. TRATADO DE HISTOLOGIA. Editora: Guanabara Koogan. 2017.

Gormley B., et al. HISTOLOGY (DIGITAL MICROSCOPY VIDEO). Editora: Amazon; 10ª Edição. 2018.

Junqueira L.C., et al. HISTOLOGIA BÁSICA - TEXTO & ATLAS. Editora: Guanabara Koogan. 2017.

Kierszenbaum A.A. HISTOLOGIA E BIOLOGIA CELULAR - UMA INTRODUÇÃO À PATOLOGIA: UMA INTRODUÇÃO À PATOLOGIA. Editora: Guanabara Koogan. 2016.

Lin X., et al. URINARY SYSTEM: CYTOLOGY, HISTOLOGY, CYSTOSCOPY, AND RADIOLOGY. Editora: PMPH-USA. 2018.

Medrado L. CITOLOGIA E HISTOLOGIA HUMANA: FUNDAMENTOS DE MORFOFISIOLOGIA CELULAR E TECIDUAL. Editora: Editora Érica; 1ª Edição. 2014.

Referências

Mescher A. JUNQUEIRAS BASIC HISTOLOGY. Editora: McGraw-Hill Education; 14ª Edição. 2015.

Nicole M. HISTOLOGY, ULTRASTRUCTURE AND MOLECULAR CYTOLOGY OF PLANT-MICROORGANISM INTERACTIONS. Editora: Springer. 2011.

Ovalle W. NETTER BASES DA HISTOLOGIA. Editora: GEN Guanabara Koogan; 2ª Edição. 2014.

Pawlina W., et al. ROSS HISTOLOGIA TEXTO E ATLAS-CORRELAÇÕES COM BIOLOGIA CELULAR E MOLECULAR. Editora: Guanabara Koogan; 7ª Edição. 2016.

Pennella V. THE CELL: MICRO INSTRUCTIONS FOR USE. Editora: Amazon. 2019.

Pieragnoli M. ACCELERATED COURSE OF HISTOLOGY: FOR BIOMEDICAL FACULTIES. Editora: Amazon. 2020.

Rao N. HISTOLOGY: MADE EASY. Editora: CBS Publishers & Distributors. 2007.

Robertis. BIOLOGIA CELULAR E MOLECULAR. Editora: Guanabara Koogan. 2014.

Ross M. H., et al. ATLAS DE HISTOLOGIA DESCRITIVA. Editora: Artmed; 1ª Edição. 2012.

Ross M. H., et al. ATLAS OF DESCRIPTIVE HISTOLOGY. Editora: Editorial Medica Panamericana. 2012.

Mills S. HISTOLOGY FOR PATHOLOGISTS. Editora: LWW. 2019.

Ross M. H., et al. HISTOLOGY: A TEXT AND ATLAS: WITH CORRELATED CELL AND MOLECULAR BIOLOGY. Editora : Wolters Kluwer Health; 6ª Edição. 2014.

Segade P. PLANT HISTOLOGY AT OPTICAL MICROSCOPE. Editora: Lulu.com. 2017.

Shetty B. HISTOLOGY PRACTICAL MANUAL. Editora: Jp Medical Ltd; 3ª Edição. 2018.

Singh D. PRINCIPLES AND TECHNIQUES IN HISTOLOGY, MICROSCOPY AND PHOTOMICROGRAPHY. CBS Publishers & Distributors; 2ª Edição. 2018.

Thomas M., et al. A LABORATORY MANUAL OF PLANT HISTOLOGY. Editora: Alpha Editions. 2020.

Vegue J. ATLAS OF HISTOLOGY AND MICROSCOPIC ORGANOGRAPHY. Editora: Editorial Medica Panamericana; 3ª Edição. 2011.

Vulcani V., et al. ATLAS DE HISTOLOGIA: HISTOLOGIA BÁSICA. Editora: Amazon. 2017.

Deseja contatar o autor?

Envie-nos comentários, críticas e sugestões, considerem-se bem-vindos. Qualquer irregularidade, tanto relacionado ao conteúdo, gramática, ou aos gabaritos revisados, será considerada e agiremos para sanarmos o problema tanto nas versões digitais quanto nas futuras edições físicas.

Agradecemos o apoio, atenciosamente Porfírio e equipe.

 E-mail: **murilo.porfirio@yahoo.com**

Para saber mais sobre o autor, visite sua plataforma Lattes e sua rede social LinkedIn pesquisando por seu nome. Obrigado pela obtenção da obra!

 LinkedIn: linkedin.com/in/murilo-porf%C3%ADrio-23820915a

 Currículo Lattes: lattes.cnpq.br/0683651792361151

www.ingramcontent.com/pod-product-compliance
Lightning Source LLC
Chambersburg PA
CBHW051147220526
45473CB00003B/687